雅理

生活不是关于我们中间最具才华、最为成功的人物能够为社会做出怎样的贡献，而是关于在有意义的世界中，如何使得每个人都被视为成功和值得赞赏的。我们不再因“要么登上巅峰，要么坠入谷底”而感到焦虑与恐惧，而是有更多的时间与闲暇去体会生活中平凡而美好的乐趣。

Avram Alpert
[美] 阿夫拉姆·阿尔珀特 著
李岩 译

The Good-Enough Life
反卷社会

中国科学技术出版社
· 北京 ·

目 录

引言

我曾经渴望成就伟大*。在我年轻时，伟大就意味着财 1
富。我也希望能想方设法变得超级富有。我最初想要成为一名股票经纪人，尽管我其实并不知道这究竟是干什么的。后来，在我迷上了体育之后，我又下定决心要成为一名著名运动员，由此踏上财富之路。我先后梦想过打职业篮球、网球和棒球，但我的天赋不足以实现这些梦想。

到了高中毕业、进入大学时，我开始将名声而非财富视作伟大的标准。起初，我希望成为一名享誉世界、奖项等身的虚构类作家。意识到这一点多么难于实现之后，我又（错误地）认为，学术生涯要更为安稳，于是读了研究生，希望成为一名著名教授，穿梭于世界各地授课，声名远扬。与此前的职业规划相比，我更接近于实现这一目标，但这并未让我感到更加满足，或是更加幸福。我认为这是因为，这些不同的生活目标固然附带着不同的价值观，但它们都具有同一种基本志向：成为精英中的一员，高居于社会金字塔之巅。

---

* 后文中根据语境不同，“great”和“greatness”将被分别译为“伟大”“拔尖”“了不起”等。——译者注

过去几年间，我开始认为，这种成为人上人的欲望对于我们本身、我们的人际关系、我们的社会以及我们的地球，都是有害的。甚至对于那些实现了这一目标的人士而言，也
2 同样如此。于是，我便开始竭尽所能地反对这些志向。这并不是说，我不再认为这些目标具有吸引力了。我当然依旧这么认为。我可不敢说，有朝一日当我登上飞机时，能够不渴望坐进奢华的头等舱；或是出席活动时，能够不渴望跻身台上名流之列。当然，我也仍在尽自己所能地健身和写作。我开始怀疑的，并不是就某件事本身追求卓越的欲望，甚至也不是取得优胜的吸引力。我质疑的是这样一种社会秩序：它利用我们的才华，将其转变为一种欲望，促使我们争取在竞争性等级次序的顶端赢得一席之地。事实上，正如我在本书中认为的，我感到个人对伟大的追求，乃至对这种追求推波助澜的不平等的社会制度（这一点或许更为重要），正是导致世界误入歧途的一大重要原因。

在本书中，我将更加详细地阐述世界究竟是怎样误入歧途的。不过，要对我所表述的内容形成大致的认知，只需要考虑我们当下面临的一项根本矛盾：存在着太多东西，然而，一切仍不充足。我们生活在史无前例的富足之中，生产力前所未有地发达，可是仍有数十亿人吃不饱、穿不暖、无人照料。在这个财富总值高达 399.2 万亿美元的世界上，有超过 34 亿人每日收入不足 5.5 美元，每年有 3450 万人因医疗保健不足而死亡，另有约 900 万人因饥饿离世。[1] 与此同时，机器已承担了越来越多维持生活所必不可少的劳动，但

我们的闲暇时间依旧少得可怜。如今世界人口数量之多前所未有，但其中却有那么多人依旧感到孤独。数世纪积累下来的智慧与科技进步，本应有助于提升我们的幸福感，但我们依然深受焦虑与抑郁的折磨。事实上，不只是患有抑郁症的人数在上升，人们报告称感到抑郁的平均时长也在增加。焦
虑与筋疲力尽等问题，也变得愈发严重了。[2] 我们有能力环 3
游地球、潜入海底，乃至进入太空，然而探险使用的各种工具恰恰在损耗地球家园的可持续性。每一年我们所消耗的资源，都接近地球可再生资源的两倍。[3]

这些趋势是相互关联的。在我们生活的这个世界上，有些人拥有的太多，许多人拥有的又太少，如此一来，压力自然是巨大的：要么登上巅峰，要么坠入谷底。在这样的世界里，我们还会对自己的未来感到焦虑，因我们的境遇陷入抑郁，对自己的竞争者感到疏离，并对自己对环境的破坏漠不关心，仿佛要想生存下去，就不得不这样做。

要想超越追求伟大导致的这一困境，我们就必须认识到，这种追求本身源自何处。在本书中，我将对多种理论加以考察——例如这种常常言过其实的说法：热衷于竞争并分个高低，乃我们的天性。不过，我的基本论点是："追求伟大"实际上始于以一种有意义的方式，应对生活并不完美这一事实。意外、悲剧、挫折可能降临到每个人身上。追求伟大是在以这种方式进行回应："别担心，我们能渡过难关。尽管世界可能有所缺陷，但人类有能力消除所处状态中的这些缺点。"要做到这一点，我们只需要鼓励同辈中最具才华、

最伟大的那些人，去发明，去创造，去探索。他们将突破生态系统的极限，为其他所有人创造出一个繁荣的世界。为了激励他们这样做，就需要赋予他们巨大的财富和权力。而为了找出这些伟大的人物，我们的社会应展开激烈的竞争，所有人都应努力证明自己才是最拔尖的那一个。变得拔尖，就会对免于承受生活中的苦难感到心安理得，因为你正在改善
4 其他人的生活（无论是通过创造财富、提供娱乐，还是发明），你的全部收获都是应得的。我年轻时和其他许多人一样，渴望成就伟大，如今我认为这一志向的根源就在于此：在生活的起起伏伏之外，追求这种满足感与安全感。由此可见，对成就伟大的渴望是很有意义的，但它也导致我们生活的世界陷入了焦虑与困境。

尽管就追求伟大这一世界观而言，在我们的个人心理与社会层面上，都存在某种支持它的深层逻辑，但我们绝不是注定要接受这一志向。还存在另外一种看待事物的方式。如今，这一方式有着巨大的潜力，能够帮助我们摆脱令人畏惧的困境。我将这样一种世界观称为“足够好的生活”。在提及这种观念时，我还会称其为“为了所有人的足够好的生活”，或是“足够好的世界”。在此，“足够好”一词并不是指得过且过地混日子——尽管我的确主张更休闲、更放松——而是要体现这样一种世界观：保障所有人都生活得既美好（包括享有体面、意义与尊严），又充足（包括优质的食物、衣服、住所与医疗）。[4] 此外，由于人类还有着环境、情感与社会需求，“好”与“足”这二者总是联系在一起

的。如果我们无法拥有生存所需的充足物资，我们的生活就不可能美好；假如我们的生活中不是充满了各种美好的关系，那我们也不可能拥有充足的物资。

和追求伟大一样，追求“足够好”这一世界观也始于这一认知：人生并不完美。然而，与追求伟大的不同之处在于，这种世界观并不认为只有精英才能帮助改善我们的状况。如果仅仅支持追求伟大这一世界观，那么事实上我们就并不是在尽自己所能地努力前进，因为我们会压制大多数人那不可或缺的精力与能力，并且把自己的时间和热情都浪费
在为证明自己卓尔不群而展开竞争上。与可提供给人的职位 5
相比，有才华、称职的求职者数量几乎总是要多得多。我们可以不再让这种局面导致抑郁与失业，转而关注如何以合作的方式工作，充分调动 77 亿“足够好的人”的能力。如果我们都以“足够好”而非“拔尖”为目标，那么我们每个人都可以付出更少，却收获得同样多，乃至更多。[5] 不仅仅大多数人物质生活的质量将得到提升，其幸福感和社会凝聚力也将增强。

要想为自己以及未来的世代创造出这样一个世界，我们从地球那里索取的，就不应超过其能够产出的。我们的生活不必与自然达成完美的和谐，但我们也不必支配自然。地球的范围不是无穷无尽的，地球的资源也无法不断重生。地球有着自己的极限、自己的舒适感、自己的物质需要。地球之所以宛如奇迹一般，并非因为它是完美的，而仅仅是因为它恰恰好到足以维持人类生活的程度。我们也必须在这种足够

好的条件下，建设足够好的人类生活。足够好的生活针对的是“万物”，包括尽可能多的与我们共享地球的动物和植物。这是因为，当我们意识到，没有人伟大到能够独自战胜生活中的种种恐惧；当我们意识到，最好与无数亲属一起承受我们所处状态中的种种缺陷，我们就会体会到，承认并促进彼此之间必不可少的相互依赖关系，才是最有意义的生活方式。

最后，追求足够好与追求伟大，这两种世界观之间的差别还在于，前者并不声称我们终将彻底突破所处状态的极限。生活的美好终归是有限度的。哪怕在一个无比和谐的社会里，依然会存在错误、悲剧、分歧、背叛与自然灾害。但在足够好的世界里，不存在能够因其特殊地位而免遭不幸的
6 少数伟大人物。我们需要一同努力，以缓解苦难。最终，这将有利于所有人，因为人们不再因“要么登上巅峰，要么坠入谷底”而感到焦虑与恐惧，而是有更多的时间与闲暇去体会生活中平凡而美好的乐趣。最美好的生活莫过于知足常乐。然而，如今这种充满了焦虑、不平等与生态破坏的生活方式，尚无法令所有人都知足常乐。

如今我不再渴望以各种形式做到拔尖，而是渴望促成为了所有人的足够好的生活。或者，至少我尽自己的能力许下了这一志向。和许多人一样，渴望以某种形式做到拔尖，对我依旧具有吸引力。正如我在整本书中将要讨论的，要想实现足够好的生活，既需要个人转变，也需要政治转型。讽刺的是，在以伟大为导向的世界里，仅仅试图做到“足够好”

的程度，会令人感觉你“不够”出色，至少根据施加于你的竞争标准来评判会是如此。任何个人都难以突破这一制度。我固然相信，个人志向是举足轻重的：假如我们对于世界应该是什么样的观念不发生改变，制度是不会发生改变的。但我并不认为问题的关键就在于找到致力于创造足够好的生活的超级英雄。关键在于我们要一同努力，去想象、提出并参与建设一个人人都能过上美好与充足生活的世界。

数年之前，我在某个公共论坛上首度尝试阐述这一世界观。我写了一篇短文，专注于“足够好的生活”这一理念的哲学与文学源头。[6] 读者似乎领会到了我想要表达的内容，那些对于少数人坐拥大量资源、多数人所得寥寥无几这种不平等局面已感到厌倦的读者，尤其如此。不过，他们也提出了许多疑问。追求足够好的生活这一伦理价值观，如何才能转变成一项社会纲领？究竟怎样才算“足够”？如果我们成功地塑造了足够好的世界，这难道不是一项了不起的成就 7
吗？难道我们不需要某些不甘于“足够好”的人士，以便其他人能从他们的追求中获益？难道不能让某些人追求伟大，其他人追求足够好吗？激励机制又将变得如何？你是在挑战某些人的确要比其他人更具才华的事实吗？究竟为何要使用“伟大”与“足够好”这两个词？某位作家同行或许作出了最具个人色彩的点评。这名同行问我，为何你自己写作起来如此刻苦，却告诉其他人应慢下来，拥抱足够好的生活？这样的做法难道不显得伪善吗？[7] 我意识到，尽管足够好的生活背后的理念，是以一系列相对较为简单的价值观为基础的，但要说明并捍卫其逻辑，一篇短文还远远不够。正因此，本书将着手对此加以解释：超越以“追求伟大”为基础建立的社会秩序，创造出为了所有人的足够好的生活，这究竟意味着什么。

在很大程度上，本书的观点是由我身为（大体而言）中产阶级、身体健全、白人、顺性别（cisgender）男性、学者、美国人的个人经历塑造的，但由于我的关切如此具有普遍性，我还是尽己所能地倾听其他人不同的生活故事，并向其学习。我还希望，来自许多其他背景的人士也能受益于本书提出的论断。我在下文中将经常使用“我们”和“您”这样的代词，以便和读者交流。有时候我会假定您赞同我的观点，是试图塑造足够好的世界的“我们”中的一分子。另外一些时候，我会在更加宽泛的意义上使用“我们”一词，指代某种在我看来被广泛持有的信念。还有些时候，我会将您当作可能压根不赞同我观点的人士，并试图说服您转而赞同我的观点。当然，有时候您可能会这么想：“别说什么‘我们/您’了！我可一点儿也不这样认为！”鉴于人上一百，形
8 形色色，这样的误解也是在所难免的，但我还是认为，这种更为亲切的写作风格好处多多，值得一试。

类似地，本书第二章至第五章的标题——“我们自己”、“我们的人际关系”、“我们的世界”以及“我们的地球”——也体现了这种代入感。第一章的标题——“伟大就好吗？”——将这两种世界观联系到了一起，构成了贯穿全书的关键主题：“为什么对于我们自己、我们的人际关系、

我们的世界以及我们的地球而言，伟大都并不足够好。”本书希望我们自己、我们的人际关系、我们的世界以及我们的地球能够变得更美好，因为本书希望塑造一种与专注于追求伟大相比，更加丰富、多彩的生活方式。本书各章节通过不同的棱镜，提出了这一论点：“追求伟大”这一意识形态——再次说明一下，这指的是这样一种观念：我们的价值仅仅在于，为了在某方面成为人上人而展开竞争——对于我们生活的方方面面都具有破坏性。追求足够好的生活，则是要对我们身上、其他人身上、我们的社会中以及我们的自然界中何为美好、充足与不完美，予以重新评估。

如果您已经认同“足够好的生活”这一系列价值观，那么本书或许有助于您更好地对其加以表述，发现其自洽性，并意识到其与“追求伟大”这一世界观仅仅在一定限度内能够相容。如果您虽认同其中的某些价值观，但依旧相信，支持少数人成就伟大是令多数人过上足够好生活的最佳途径，那么本书或许能说服您改变立场，或者至少可以提供一套您可以用自己的立场加以反驳的逻辑。假如您现在不赞同其中任何一条价值观，那么待您阅读完全书，或许我可以说服您相信，这些价值观是值得考虑的。也许您甚至会愿意花时间与我一同思考，足够好的生活是什么，我们如何才能过上这
种生活。我希望本书能成为某种更加宏大的、持续进行的对 9
话的一部分（这一对话早在我写作本书之前就已经开始了），因为所有人过上足够好的生活是个复杂、动态且不断演变的理想。我们共同为之努力之时，也正是它最有意义之时。

在我写作本书时发生的各种事件，愈发凸显了相互依赖性对于我所做分析的重要意义。当我开始写作本书时，我们正在经历这个时代最重大的事件之一。当时正值新冠病毒大流行初期。在写作过程中，我们又经历了本时代的第二起重大事件。警察于 2020 年 5 月在明尼苏达州明尼阿波利斯市杀害了乔治·弗洛伊德（George Floyd），由此引发了反抗种族主义与国家暴力的浪潮。正如许多评论家所指出的，这些事件宛如给当代世界拍了一张 X 光片，向先前并未意识到社会有多么不平等与不公正的人士，揭露了我们所处状态的真相。[8] 围绕着追求伟大构筑起来的世界，导致数十亿人缺少充足的收入、食物或医疗，而最富有之人的财富增长幅度则要以数十亿美元计。这并非偶然的差错，而是以牺牲许多人为代价来奖励少数人的必然结果。

德国犹太作家瓦尔特·本雅明（Walter Benjamin）于 1940 年逃离纳粹政权时，曾撰写过一篇关于历史哲学的文章。这篇文章中的一句话，一直令我心生共鸣："被压迫者的传统告诉我们：我们所处的'紧急状态'并非例外，而是常态。"[9] 我在写作本书时经历的动荡，其他人还将继续见证，除非我们能意识到：一边是被视为伟大的人，另一边则被认为是追求伟大过程中的淘汰品，不平等的社会秩序在这二者之间催生了令人不堪忍受的紧张关系。足够好的生活提供了超越这种紧急状态之外的关于世界的愿景。当然，在足够好的生活中，依旧会存在问题，依然可能发生传染病大流
10 行、意外与背叛，但我们可以共同致力于建设这样的世界：

当问题发生时，建立在对所有人的体贴、信任与体面生活基础之上的社会，能够拧成一股绳，直面这些挑战。

毫无疑问，会有人回应称，我对于人性的愿景未免太过感情用事；这听上去是很棒，但世界不是，也不可能照这样运转，因为进化过程决定了人要竞争，要分个高下。此外您还可能认为，这一愿景可能会阻碍进步：这个曾经被战斗武力支配的物种，创造出了对任何有着适当才华、付出适当努力之人开放的文明文化，这种转变难道不正是非凡的现代革命吗？

这些论点都有些道理，但并非完全准确：一直以来，人类的特性都既在于竞争和分个高下，也在于合作。而且，“唯才是用”（meritocracy）的理念也已经存在了数千年。这些论点也不能很好地说明，作为一个物种，我们应如何实现进步。比如说，如今有越来越多的证据表明，进步之道不在于选拔出“出类拔萃的人物”，而在于就丰富多样、见多识广的各种观点展开合作性反思。[10] 还有充分的证据表明，对于人类的进步而言，“集体智慧”要比个体天才更加重要。[11] 哪怕在出现了非凡的天才人物时，他们的工作也总是要依赖于各种庞大网络与机构的支持。在后文中我们将发现，无论对爱因斯坦、勒布朗·詹姆斯（LeBron James），还是对史蒂夫·乔布斯（Steve Jobs）而言，这一点都成立。

要想塑造这样一个为了所有人的更美好的世界，我们不只需要更多头脑，我们还需要更多优秀的头脑。所以，与其将资源——包括尊重与关注——倾注于少数人身上，我们更

应该作为多数人，持续地、以合作的方式展开工作。这并不容易，需要良好的训练与优质的机构，以便既促进团结，又
11 保持非压迫性的等级次序。错误无疑是难免的，但为了创造出这种足够好的生活，我们值得一试，因为归根结底，这关系到我们的根本价值观，而且平等、自由与正义等理想，一直指引着我们向这样一个世界迈进。

你的确有理由怀疑，人类社会是否真能创造出为了所有人的足够好的生活。我不仅将尝试说明为什么我们能够做到这一点，还将说明为何此举势在必行。说到底，愿我们能够生活在对于所有人来说都足够好的世界里，并非不切实际的希望；认为我们在追求伟大的文化中还能继续幸存下去，才是痴人说梦的想法。正是这种文化，引发了种种仇恨、不平等与破坏，导致我们日益分崩离析。[12]

不过，对于该如何创造这一全新的世界，我不会坚称自己已掌握了全部答案。毕竟我想说明的是，足够好的生活这一世界观，关键不在于个人对于世界应变成什么样怀有何种理想，而在于我们要共同为之努力。我提出的是一项基本目标，而不是一系列具体内容。本书希望以民主的方式，邀请大家一同思考，如何才能创造出一套更具包容性的社会价值体系。这一价值体系的目标在于塑造这样的世界：它是美好的，并且能令所有人都感到足够美好；但同时并不讳言生活中难免会发生意外与悲剧；我们的活动则务必处于自然资源的限度之内。（再次强调：生活的美好终归是有限度的。）

我开始写作本书时，周遭的形势几乎要推翻我们对于正

常的一切认知。这样的写作时机，可谓再合适不过了：正是这种局面会促使我们对以追求伟大为导向的社会提出质疑，并对我们应努力塑造的足够好的世界看上去会是怎样有所感知。危机持续不断，突显了个体力量的脆弱，并向我们揭示了这一点：凭借一己之力，没有人能够安然渡过难关；但倘若齐心协力，我们就能塑造全新的世界，走上繁荣之路。2020 年 3 月初的一个早晨，当我在一场传染病大流行期间开始写作本书时，网名为“小丑 D”（Jester D）的一名环卫工 12
人在推特上写下了下面这些文字，再好不过地表达了这一愿景。

> 我没法居家办公。我的工作又是一项必不可少的城市服务，非干不可。这份活儿很辛苦，天还没亮就得早起，繁重的劳动损伤了我的身体，工作内容更是单调乏味。有时候真的很难坚持下去……
>
> 不过就在现在，这份工作令我平添了一分自豪感和使命感。我看到人们、我的同胞们、我城市的居民们，正透过窗户偷偷地瞥视我。他们都吓坏了，我们都吓坏了。吓坏了，但坚韧依旧……
>
> 我们这些收垃圾的，将继续收垃圾。医生和护士将继续行医和看护。一切都会好的，我们会令一切都变好的。我爱我的城市，我爱我的国家，我爱我的地球。好好对待彼此吧，我们会渡过难关的。[13]

好好对待彼此，为彼此提供充足的物资；不要从他人那里索取太多，不要为了我们自己索取太多：不必提出更多要求，就足以实现人类的繁荣。

第一章

伟大就好吗？

极少数人拥有太多，大多数人所得无几，我们之所以会 13
陷入如此糟糕的境地，并非是由某个单一的原因造成的。几乎每天都有杰作出版，对这一问题某些至关重要的方面加以解释，并就如何解决该问题提出建议。这些作品会对特定的价值体系提出批评，诸如精英主义、等级制度、“赢家通吃”的资本主义、唯才是用这一虚假承诺、完美主义，或是“人类主宰自然”这一观念。我借鉴了许多此类批评的思想。不过，我提出的核心论点之一在于，这些看似各不相同的个人、政治与生态组织机制，被某种共同的价值体系结合到了一起。我将这一价值体系称为“追求伟大”。如果我们仅仅在特定的信念体系或信念时刻中，才对“追求伟大”的价值观予以考察，我们就会一叶障目，不见泰山，漏掉这一更加广泛、相互交织的关切网络。这一关切网络源自这样一种观念：某些个人、家族、国家、物种就是要比另外一些更加优秀，更值得受到优待。

我之所以使用“伟大”一词，是希望对“伟大”与

“善良”之间由来已久的区分加以扩充。[1] 例如，在约翰·弥尔顿（John Milton）的史诗《失乐园》（*Paradise Lost*，1667）中，耶稣就证明了其价值在于“善良，远非伟大或高尚”。[2] 在这种区分中，“伟大”指的是那些有权有势、能够决定许
14 多人命运的人物，“善良”指的则是其行为合乎道德且高尚的人物。在实践中，“伟大”与“善良”常常是相悖的。许多“伟大的”企业家、艺人或政治统治者，都算不上多么“善良”的人物。此外，美国常常标榜自己是一个地位特殊的国家，原因就在于它自称能调和这种对立。正因此，整条政治光谱上的各色政客都会这样表示：“我们‘伟大’，正因为我们‘善良’。”[3] 换句话说就是，我们之所以变得强大，正是因为我们行为正派。

个体完全有可能做到既伟大，又是个好人，但追求伟大这一总体制度是不利于创造出为了所有人的足够好的世界的。在这个唯才是用的世界里，这样一种论点似乎并无根据。许多人都会认同，财富与权力不应该被继承而来，也不应产生于有关某些性别、种族或宗教信仰之优越性的偏见。但同样的一群人还可能相信，公正的社会应该为每个人提供展示自己才华的真正机会，并通过赋予财富、荣耀和权力来为其提供激励。此外，他们还可能认为，这样一套制度有利于所有人：为伟大人物提供激励与回报，最终有助于其他人过上更美好的生活。

毫无疑问，这样的论点是有一定逻辑的，我们全都是许多此类伟大人物的受益人。我们能够欣赏运动员与艺人的杰

出才华，能够品鉴艺术家与音乐家的杰作，或是使用著名科学家与企业家的发明创造。然而，我在本书中将尝试说明，为何专注于促使少数人实现个人成就，归根结底不仅会以牺牲多数人为代价，还会导致所有人在心理以及个人生活层面上付出沉重代价，并对社会凝聚力以及自然界造成破坏。对这一论点展开具体分析，会花上一定时间，不过其要点在于：追求伟大是一场零和博弈，但追求足够好却能令所有人 15
都取得成功。无论有多少才华横溢的个人或国家参与竞争，赢家的数量都是有限的。被视作伟大者与被视作平庸者之间的鸿沟将永远不可能弥合。自上而下推动进步的困境就是如此：在某些人的境遇得到改善之时，相对而言，其他人的境遇则会变得更糟。因此，即使基本需求都获得了满足，人人都过上了充足的生活，也并不意味着人人都能过上美好的生活。人们依旧无法实现被抬高的生活期望，也无法掌控自己的生活。[4] 人类的大多数——例如在这个无比富裕的世界上，依旧生活在贫困之中的数十亿人口——依旧会被排除在外，他们本可对普遍提升人类生活水平作出的贡献，将永远无从兑现。对于保障人类的进步而言，这并非一种有意义的方式。与其将令最优秀者脱颖而出当作价值观的核心内容，我们更应该直接专注于帮助多数人过上美好、充足（也就是足够好）的生活。这并不是指要用刺耳的声音淹没权力殿堂，而是要创建各种制度，从而以有意义的方式组织、团结、尊重所有人——即使我们承认，任何制度都不是完美的，不可能满足所有人的愿望。

社会学家迈克尔·杨（Michael Young）在批评唯才是用这一理念——事实上，正是他创造了这一术语——的书中，对这样的世界进行了一番勾勒。在迈克尔·杨看来，机会平等并非指提供攀登社会阶梯的可能性，而是令人有机会彻底颠覆这一阶梯。他写道：“无论‘才智’如何，无论开发其被赋予的长处与才华的能力如何，无论其领会美妙及深刻的人类体验的能力如何，无论其尽全力去生活的潜力如何，人人都应获得平等的机会。”[5] 在我看来，这种平等是以这样一种信念为基础的：“尽全力去生活”并不意味着最大限度
16 地实现目标，而在于以一种有意义的方式领会生活的真谛，包括其悲剧维度。在我们当前所处的状态里，哪怕只是想象迈克尔·杨描述的这个世界，都是困难的。在这样的世界里，就如同计算机编程或赚大钱一样，友善与同情也会被视作值得培养的才华；而培养任何一种才华的目的，全在于丰富自己以及他人的生活，而不是收获名声、财富与权力。

因此，当我表示希望我们能创造出一个超越伟大的世界时，我并非认为我们应放弃个人努力，或不再追求自己热爱的事物。事实上，认为我们必须争当最佳这种观念，恰恰会妨碍我们追求钟爱的事物，因为这种观念对什么具有价值作出了如此狭隘的界定，以至于人类的大多数潜能都不可避免地被排除在外了。我当然也不会认为您应该放弃使用“伟大/了不起”一词，比如“他是如此了不起的一名父亲”，“她是一名了不起的运动员”，或者“这本书真了不起”。我并不反对使用这一最高级形容词描述无与伦比的成就。我所

反对的是对生活怀有这样一种愿景：以选拔和过度犒赏少数人为由，忽视大多数人的价值和才能。

我与之谈论过此类观念的某些人，会提出这样的疑问：为何要试图超越伟大，而不是试着将伟大重新定义为善待他人、尊重彼此的才能、帮助他人取得成就？这是个很好的问题。如果您更愿意将我在本书中所做的视作重新给“伟大”下定义，那么我不会——事实上也不能——阻止您这样想。不过，除了固执使然，我之所以希望不仅仅重新给“伟大”下定义，还出于其他原因。无论我们多么希望改善世界、我们自身以及其他人的处境，我在本书中提出的世界观都是建立在这一事实基础之上的：生活的美好终归是有限度的；悲剧、意外与不完美在所难免，我们需要学会接受其存在。即使我们创造出了我在本书中主张的这种足够好的世界——人 17
人都能过上美好生活，能够找到生活的意义与目的；人人独特的才能都会受到珍视，缺陷都会获得理解；社会秩序将保证人人都能享有美好与充裕，保证自然界获得关爱，并因此使得我们的生活能够持续下去——我们依旧需要应对忧愁、单恋、政治背叛等种种可能，以及不可避免的自然灾害。世界不可能时时刻刻都伟大，但它可以也应该变得足够美好。

“足够好”的起源

和思考过“足够好”这一理念的许多人一样，我也是在英国精神分析学家唐纳德·温尼科特（Donald Winnicott）的作品中首度发现了对这个词的哲学运用。温尼科特因对童年发展以及家庭内部心理关系的研究而闻名。他在一篇文章中提出了“足够好的母亲”这一理念。我则更愿意称之为“足够好的父母”。[6] 足够好的父母需要扮演一种特殊的、困难的角色。首先是要“几乎彻底地适应婴儿的需要”。换句话说就是，通往足够好之路始于生命最初阶段一定的过度投入（要保障婴儿的生存，就需要不停地对其予以呵护）。这正是有些独特的人类进化过程的部分内容：在婴儿时期，我们就需要获得特别关注。对于婴儿的存活而言，这种额外看护是至关重要的。然而，一旦它越过了“必要”这一界限，问题就会随之产生。持续不断地对孩子加以过度看护，这样做的诱惑力是强大且合乎逻辑的。[7] 我们当然希望为孩子提供一切，尽自己所能地对其倍加呵护。然而，在温尼科特看来，这种做法对父母和孩子而言都很糟糕。对父母而言，这
18 会令其时间与精力都不堪重负。对孩子而言，这会导致其丧失“不断增长的应对失败的能力”。尤其是，孩子在年幼时应对失败的能力会在日后触发其创造力。[8] 通过对困难的认知，我们的想象力与创造力将加强。因此，过分呵护的父母可能会扼杀孩子这一至关重要的能力。

温尼科特的这一观点令我尤其欣赏：好到足够的程度，能令人放松，但又难以做到。这会迫使我们对持续不断地去爱孩子、保护孩子这一内心深处的本能欲望提出质疑；但这样做也有利于缓解我们自己感受到的以及因不断追求完美而向他人施加的焦虑与重负。温尼科特表明，摆脱这种压力并

不意味着放弃对彼此的责任，而意味着我们要以更加有意义的方式处理各种人际关系。

温尼科特的作品还表明，当我们谈论充足与否时，我们所关心的不只是物质。正如心理学家罗伊·鲍迈斯特（Roy Baumeister）和马克·利里（Mark Leary）在其著名文章《归属的需求》（“The Need to Belong”）中所言：“人类普遍具有建立并保持至少最低限度的持久、积极且重要的人际关系的动力。”[9] 他们认为，这一动力上升到了“需求”的层次，因为纯粹从物质的角度出发，我们是无法理解人类历史的。当然，没有食物与住所，我们就没有办法生活。然而，“归属需求假设”认为，不依靠彼此，我们不仅无法满足物质需求，还无法充分体验到人类的成就感。[10] 与之类似的研究促使联合国决策者对构成人类发展的要素加以重新考量。这些要素不仅包括物质产品，还包括建立社会关系、开发想象力、自由运用理性等能力。[11]

因此显而易见的是，持类似看法的不只我一人。而且我 19
在塑造“足够好的生活”这一愿景时，借鉴了许多其他作家以及社会运动的观点。不过，我的确背离了某种常规做法。某些专注于“自助”的作家将个人改变自己的欲望视为解决问题之道。他们提出了一套主要关乎个人的道德标准：减少欲望，更坦然地面对失败。[12] 阿达·卡尔霍恩（Ada Calhoun）等作家告诉我们，通过“放弃期待”便可缓解我们的危机；或者用马克·曼森（Mark Manson）那更加鲜活的表述就是，应对之道就在于“学会‘他娘的不在乎’这一微妙的艺术”。[13] 这些建议并不坏——事实上还相当棒。但它们无助于改变整个社会或政治环境，而这种环境恰恰使得遵循此类建议变得十分困难。[14] 当个人的转变与社会运动联系到一起时——2021 年的“躺平”“低欲望生活”等运动，或许就是这样的例子——其影响就可能外溢，并催生深刻的转型。[15] 然而，只要还停留在个人层面上（“躺平”运动也可能如此），其影响就会更为有限，因为其主张的个人转变与社会压力实在是过于格格不入了。降低期望、学会放弃，这样的个人转变固然重要，但并不能为我们提供关于世界的愿景：人人都能过上美好、有意义，在物质上、情感上都充足的生活。[16] 此类个人转变也不会迫使我们直面创造如此世界的艰巨任务。

克服“追求伟大”世界观的漫长历史

事实上，正如主张追求伟大者欣然指出的那样，建设一个令所有人都感到足够美好的世界，这一任务无比艰巨。不仅如此，这一目标似乎还有违人类的天性。有些人认为，怀揣着实现个人成就之梦的人实在是太多了。对于提出共同目
20 标而言，我们内在的自私性构成了难以逾越的障碍。卡尔霍恩、曼森或者我，完全可以对足够好的生活大唱赞歌，但总有人会致力于聚敛巨大的权力并支配其他人。社会学家罗伯特·米歇尔斯（Robert Michels）就将这一现象称为“寡头统治铁律”。[17]

然而，人类社会在展现出遭受寡头统治这一趋势的同时，还不断展现出为所有人争取美好与充足生活的趋势。事实上，自从存在着证据以来，对平等的追求一直是人类所处状态的部分内容。正如进化生物学家克里斯托弗·伯姆（Christopher Boehm）所表明的，人们可以将这一谱系追溯到至少500万年前，当时一群非洲类人猿开始通过建立平等个体之间的“政治联盟”，来削弱领导者的权力。[18] 至少从这群类人猿祖先所处的时代起，这两种做法之间的斗争就成为人类的一大标志：一边是遴选出伟大者并臣服于他，另一边则是建立尊重所有成员的平等主义联盟。我们并非注定受制于这两种历史中的某一种。哪怕永远会存在一定程度的竞争与高下之别，我们至少也有能力促使自己更加努力地朝着平等与合作迈进。

亚当·斯密（Adam Smith）在关于道德哲学的作品中，对人类的这两类动机作出了至关重要的区分。斯密关于追求伟大这一欲望之起源的理论与我的看法不同，或者说，乍看起来是如此。我认为这一欲望的源头在于希望避免苦难，斯密则认为其源头在于渴望被爱：“人们自然不仅渴望被爱，还希望自己是可爱的，或是成为爱的天然、恰当对象。”[19] 我们经常发现，伟大人物会受到爱戴：“卓越不凡之人……会受到全世界的注视。人人都热切地看着他，并且想象……其境遇自然而然会催生出何种愉快与欢悦之情。”目睹了这一切，我们自己便也会追求伟大，尽管我们知道这样做将增 21
添焦虑、加重负担：“这使得伟大成了羡慕的对象，并且在人们看来，足以弥补在追求伟大的过程中势必会承受的一切伤痛、焦虑与屈辱。”[20] 与人们对于斯密及其私利理论的通常看法相反，斯密实际上并不认为这是件好事。在他看来，这是“败坏我们道德情感最重大且最为普遍的原因”。[21]

于是在斯密看来，伟大更像是一种负担，而不是逃离苦难之道。不过，如果我们将他的理论彻底研究一番，就会发现斯密为追求伟大提出的基本正当理由仍然是，这种做法将减轻所有人的苦难。因此，尽管斯密对我们道德的堕落感到不满，但他依然接受了这一现实，并就追求伟大为什么终究对我们有利提出了一种理论（如今这被称为“资本主义”）。斯密的基本理念是，尽管追求伟大会导致社会以糟糕的方式分配敬意与酬劳，但“看不见的手”会将收益再分配给其他所有人。[22] 通过“看得见的手”，追求登上社会之巅的欲望败坏了我们；通过“看不见的手”，我们的道德重新变得正派了。由于某些人承担起了向上攀升这一重负，我们所有人的处境都会变得更好。

面对克服追求伟大这一艰巨的任务，斯密屈服了。他意识到了追求伟大会导致堕落，但他并未更进一步，要求我们克服这种行为。与之相反，他签下了一份浮士德式协定，希望我们能够将对伟大的追求变得对自己有益，而不是受其腐化。我认为，与从追求伟大这一令人腐化的行为中偶尔获得一些益处相比，我们能够做得更好一些。凭借社群生活的集体之手，我们能够免受支配和掠夺。

对于足够好的世界会导致我们丧失动力这种看法，我之

所以不敢苟同，部分原因正在于此。许多人担心，在保证所有人都能过上美好、充足生活的世界里，大多数人将变成懒 22
惰的搭便车者，无所事事，只是从继续努力工作的其他人那里坐享其成。当然，这种情况的确有可能发生，毕竟我们的目标是建设一个足够好的世界，而不是一个完美的世界。然而，认为我们将失去动力的看法忽视了这是人类的一种深层热情：创造并维持一个令所有人都感到美好与有尊严的世界。在人的内心深处，存在一种跨越了数百万年的渴望：创造出由平等者组成的公正的共同体，所有人在其中都能得到爱、关照与尊严。在人类历史上，从宏大的政治革命，到非暴力的社会运动，许多动机强烈的行动，目的恰恰都在于建立这样的共同体。因此，尽管追求足够好的生活乍看上去可能不如追求伟大那样鼓舞人心，但实现公正、平等，掌握自己的命运，共同面对生活中难以避免的悲剧——这正是人类体验过的最为持久的热情之一。而且假如这样的世界成为现实，我们依然有动力去维护它。差别正在于，我们不再只能坐等伟大的少数人采取行动，而是人人都将积极主动地参与其中。

重新校准

不过，当斯密谈论追求伟大的诱惑力时，我非常清楚他的意思是什么。对于这一点，我和其他人一样敏感。在我小时候，离异的父母分享了抚养权。他们一个住在费城郊区的詹金敦（Jenkintown），一个住在费城城区周边的东艾里（Mt. Airy）社区。由于我在费城郊区的公立学校就读，典型美国郊区的漂亮一隅所孕育的那些理想，便构成了我对于世界的主要愿景：最宽大的住宅、最炫目的轿车、最丰厚的薪水。我的父母是在一所犹太神学院相识的。在我年少时，他们便离婚了。我父亲一直待在当地犹太教会里，我母亲则成
23 为一名女性及宗教研究方向的教授。之后他们又分别结了婚。我父亲娶了一名工作内容主要是照顾费城公立学校中残疾孩子的女子。我母亲则和一名致力于社会正义慈善工作与早期儿童教育的女子结了婚。

因此，我身边满是这样的榜样：他们选择的生活目标在于共同体与团结一致，而不是攀登社会阶梯。虽然在父母离婚之后的短时间内，我们比较拮据，但大体而言我还是在中产阶级环境里长大的。不过在我成长过程中，身边也有不少富人，我也见识过斯密曾提及的那种敬意是如何下渗到社区里最富裕家庭的孩子身上的。他们拥有最新的高科技产品、最好的游戏室，还能去海滩享受最奢华的假期。社区里的其他孩子则只能指望富裕家庭的父母用炫目的轿车捎上自己；或是和他们一道观看体育比赛时，沾光坐进他们家的包厢。当然，我身边的这种环境只是我遭受的强大文化与宣传攻势的小部分内容：我不断被告知，富人和名人的生活方式就是最好的生活方式。我父母的工作很棒，但我在青春期早期怀揣的雄心却是，以惯常的方式，登上经济阶梯的顶端。

当我 5 岁时，我的祖父母和外祖父母都已离开人世，我

母亲的叔叔和婶婶就成为我成长过程中最亲密的祖辈。我的叔外祖父声称——事实似乎也的确如此——正是他的公司最先用铝箔小盒子分装黄油。此举不利于环境，却很有利于他的退休生活。我大约 13 岁那年，叔外祖父去世了，并给我们留下了一笔遗产。钱不多，但足以令母亲和我前往哥斯达黎加旅行，接受沉浸式西班牙语教学。

根据我的美国郊区梦，我曾畅想这会是一次奢华的海滩之旅。但母亲却为我们预定了中美洲发展研究所（Institute for 24
Central American Development Studies）的一门课程。这是一家位于哥斯达黎加首都圣何塞、以促进社会正义为目标的机构。我们和一个工人阶级家庭生活在一起。通过上西班牙语课，我接触到了某种被称为“全球化”的东西。在当时的美国郊区，对全球化的讨论可并不多。仅仅过了一年（1999 年），在西雅图便爆发了反对世界贸易组织的抗议。抗议爆发之时，我那些富裕朋友的父母，便向已经迅速赢得了“小激进分子”名头的我打听道：“你们那群人在街头究竟是要干什么呀?”在很大程度上，正是此次哥斯达黎加游学之行，动摇了我在经济上追求拔尖的信念，并且令我感到，在街头抗议、试图破坏旨在帮助超级富豪变得愈发富裕的那些协议的人士，正是“我们这群人”。[23]

上高中时，我开始参加抗议活动，在学校里创办了一个名为“不要更多监狱”的俱乐部，还尝试组建一个学生会，但未能成功。有幸在两个组织中实习的经历更是从根本上塑造了我的世界观，它们分别是位于波士顿的“追求经济公平联合会”（United for a Fair Economy），以及位于费城的“艺术避难所”（Art Sanctuary）。在“追求经济公平联合会”实习时，在贝茜·莱昂达尔-赖特（Betsy Leondar-Wright）和查克·柯林斯（Chuck Collins）的指引下，我认识到了财富分配方面的问题，并了解了应如何通过富有创造力的行动改变这种状况。在“艺术避难所”实习时，得益于洛琳·卡里（Lorene Cary）不断为我提供明智的建议，我意识到一个资源并不充裕的社区艺术组织如何能够改变他人的生活。受到这两段经历的启发，我不再专注于考虑赚钱，而是将精力投入了思想生活之中。我开始写小说，阅读历史与哲学，并在本地一所大学上夜校。我想要读万卷书、行万里路、笔耕不辍。这个时候，我想要成为著名作家，而不是富有的股票经纪人。

然而，此时我犯下了困扰着当今文化的一大错误，尽管
25 我尚未意识到这一点。我批判了物质财富，但并没有放弃对于追求拔尖的执迷。毕竟，我的愿望并非成为优秀或出色的作家，也不是要成为就如何保障人人都能过上足够好的生活提供知识的作家。我希望成为著名作家。换句话说，我不仅希望磨炼写作技艺，更要登上社会地位阶梯的顶端。

当然，这一志向与成为为追逐个人财富蓄意破坏地球环境的富翁——例如石油公司高管——还是截然不同的。但仍存在这样的危险：与最糟糕的人物进行比较，其实就是在为自己志向的问题开脱。成为富翁，或是成为著名作家，二者都是要登上金字塔的顶端，都不是要对金字塔本身提出

质疑。

而且正如威廉·德雷谢维奇（William Deresiewicz）在《艺术家之死》（*The Death of the Artist*, 2020）一书中提出的，这座金字塔正在击垮最具创造力的人物：“再次重申，这种制度只会犒赏少数人，让其他人去争夺残羹冷炙。要么红极一时，要么无人问津；要么星光灿烂，要么遭到遗忘。”像德雷谢维奇或者我这样的人，希望作为艺术家或作家受到认可，就不得不奋力攀爬这些金字塔。在我们所处的社会中，我不得不希望我写的书获得认可、赢得奖项，因为我能否获得本领域内少数工作岗位中的一个，全系于此。我宁愿坐在摇摇欲坠的金字塔顶端，也不愿意在底部被它压得粉身碎骨。如果当今脑力劳动的唯一出路就在于此，那么我们的处境可远远算不上足够好。

此外，如果你认为“好吧，明星能成为明星，不是没有理由的。他们真的就是最棒的”，那么你或许应该放下这种想法，听听诗人唐纳德·贾斯蒂斯（Donald Justice）的这番话，他本人就是大奖得主。“某些优秀的作家却遭到了遗忘，个中原因或许有些道理。但无论具体原因如何，它们终归是说不清、道不明的。当声名法则作用于一片混沌之时，总是会带有一定的随机性。”[24] 归根结底，真正的问题并不在 26
于，那些就读于著名大学、写出了顶流畅销书，或是在卡内基音乐厅唱主角的人物是否真的有才华。问题在于，在这个机会本就寥寥的世界上，一而再、再而三地认可同一名作家、思想家或艺术家，会进一步挤占其他人的机会。这催生了竞争循环、内部小圈子、权力中心等现象，导致写作不再是使用语言来表达或改变世界的真诚愿望，而是沦为又一套追求伟大的制度。在这一制度下，少数人获得了嘉奖，多数人则在苦苦挣扎。某些获得嘉奖的人士的确才华横溢，但从未获得成功机会的许多人也同样如此。

两类经济

许多希望世界变得更加正派、公平的人士，并不像我这样在意声名与社会地位问题。他们主要通过物质经济这一棱镜来看待我们的问题。他们认为，我们当下的经济制度出了问题，导致了财富与权力的集中。正如我在第四章中将要讨论的，我在很大程度上赞同这些批评意见。但我担心的一点在于，仅仅否定任何既有的经济制度，仍不足够。遵循斯密的逻辑，我们需要认识到，这些认为将财富聚集到金字塔顶端的做法具有价值的经济学观念，会对我们世界观中的其他元素产生重大影响。我们糟糕的处境不仅与物质财富有关，还与谁能发出声音、谁能获得荣誉、谁能受到尊重、谁能引发关注等常常与之相关的不平等状况有关。事实上，即使我们的社会在物质上变得更为平等，在这个世界上，仍可能只有少数人享有权力与敬意。

源于某人在社会秩序中所处相对地位的物质与非物质好
27 处，有时会被称为“地位财”（positional goods）。对“地位财”的分配不当，又可能加剧物质不平等，引发社会动荡。

迈克尔·杨在批判唯才是用的理念时，便曾辛辣地讽刺过这一点。在他假想的社会中，尽管人人的收入水平都一样——该收入水平被定得极低——但作为奖励，智商最高的那些人却能获得无穷无尽的各种津贴与福利。在真实的历史中，类似的案例也在苏联发生过。苏联成功地缩小了物质上的不平等，但依旧为一小撮腐化的高级干部提供了巨大的权力与特权。[25]

类似于“地位财”的观念至少可以追溯至公元前4世纪亚里士多德的作品，他曾提及“财产的不平等”与“荣耀的不平等”。[26]“地位财”这一术语本身则由经济学家弗雷德·赫希（Fred Hirsch）于1976年提出。赫希的重要创见之一是，在物质经济与地位经济之间存在着一种危险的反馈回路。在赫希的分析中，“地位财”既包括特定种类的有形财富（曼哈顿的房产数量毕竟有限），也包括宝贵的无形财富，譬如在本专业中的领导地位、各种奖项，以及接近政治权力（至少在大多数社会秩序下，情况会是这样）。当某个社会在物质上实现了增长，但在地位方面停滞不前时（即使总体生活质量得到改善，但仍然只有少数人获得嘉奖与尊重时），“分配性斗争就会再度展开，并且会因增长这一动态过程而变得愈发激烈，而不是趋于缓和”。[27]换句话说，物质增长的成果之所以未得到恰当的分配，部分原因就在于，人们会为获取“地位财”而愈发激烈地争夺财富，从而抵消了物质增长的成果。某些争夺会以事实上的拍卖形式展开，例如由出价最高者获得某处房产，或是接近政客的机会。另外一些

争夺则需要通过日益严苛的选拔进行，并需要具备愈发昂贵
28 的资质，例如应聘某些职位需要拥有高学历，尽管工作本身并不需要相关知识。物质（与债务）不断增长，能够接受教育的人也越来越多，空缺的职位数量却不会相应增加。

于是便形成了这样一种局面：人们要么通过追求地位与权力，来获取物质财富；要么通过追求物质财富，来获取地位与权力。这种局面会对整个社会造成破坏。例如，正像赫希指出的，就在生活于纽约或伦敦这样的大都市成为一种“地位财”的同时，人们也在为能与家人及朋友生活在同一个地方而对物质财富展开争夺。在这种情况下，原本可以在城市中大有作为的人士，例如教师、艺术家与管道工，就不得不更加辛苦地工作，或是拼命攀爬上本专业的顶端。管道工可能不得不每周 7 天、每天 24 小时提供服务，对客户有求必应，以换取五星好评。艺术家可能不得不广交人脉，努力钻进奇货可居的优质画廊，或是谋得一份终身教职。

然而，由于并非所有人都能够或愿意作出必要的牺牲，更何况即使作出了牺牲，空缺数量有限也意味着够格的求职者人数总比职位要多，对“地位财”的争夺就会导致社会生活的各个领域愈发不平等，并弥漫着日益不满的情绪。摆在个人面前的只有这种理性的选择，即在本领域内就地位高低展开非理性的争夺：“无论受到青睐的少数人究竟有多少，没人觉得自己会被排除在外；因此所有人都可以努力寻求参与其中。”[28] 然而，“对于个人而言是可能的，对于所有人而言却并不可能；哪怕所有人都具备同样的才华，也仍是不

可能的”。[29] 哪怕是我父母曾有过的足够好的工作，例如大学、教会或公务员系统里的职位，也因日益激烈的竞争而受到了威胁。如今，光是希望把事情做好，往往已经不够了。 29
人们必须能够把事情做到最好，否则就有可能学位多多却无事可做。在这种非理性的社会秩序中，幸福与否取决于是否能攀爬上物质或地位金字塔的顶端。这种社会秩序，正是我所谓“追求伟大”世界观的核心要素。

需要指出的是，与我在此提及的观点相比，赫希关于“地位财”的观点范围更为有限。例如，他并不认为，父权制、种族主义与残疾歧视（ableism）会使得某些人因其身份而高人一等（或自视高人一等），因而也能发挥类似于“地位财”的作用。杜波依斯（W. E. B. Du Bois）有句名言，将种族主义等观念比作向“白人性”（whiteness）支付的“公共与心理工资”。哪怕对于白人而言，这笔工资也要比他们意识到的更加高昂，因为它事实上阻碍了白人通过组建跨种族联盟，来令经济变得民主化。[30] 此外，赫希也并未探讨“地位财”会对社会声望产生怎样的影响，或是探讨社会中的某些人——他们并不一定具有特殊才华——在“注意力经济”中占据了过大的份额，这种现象的重要性何在。但无论如何，他的作品帮助我们了解了两类经济的基本轮廓。

赫希的作品主要关于经济学，但他的结语可谓出人意料。他警告称，“我们可能已经接近了无社会道德支撑下可能存在的明确社会组织的极限”。[31] 我倒是认为，我们的社会是有道德支撑的，即我们许多人共同持有的、作为“为了所有人的足够好的生活”这一愿景基础的那些价值观。不过赫希的这一观点是正确的：斯密在数世纪之前指出，对伟大的追求篡夺了正派的位置，这种局面仍在制约着前述社会道德。在我们生活的世界，为自己谋求最大利益，是符合金字
30 塔式逻辑的，哪怕这种做法有违我们的道德。因此，要促进我们的道德发展，就需要促成社会转型，为我们的社会秩序赋予新的逻辑，承认让所有人都过上足够好的生活，要比让某些人变得拔尖更有意义。

“被埋没的爱因斯坦”迷思

要实现另外这套更有逻辑的价值体系，我们就需要在生活的方方面面，破除有关伟大之价值的迷思。即使我们知道，成功与否在很大程度上取决于运气，我们依旧会自觉或不自觉地认为，政界、体育界、音乐界乃至知识界最伟大的天才，理应因其成就获得支持与嘉奖。我们之所以会这样认为，可能是因为即使对“下渗经济”不再有信心，我们对“下渗文化”仍怀有信念。这一假定的内容是，如果我们发现了爱因斯坦、托尼·莫里森（Tony Morrison）、弗里达·卡洛（Frida Kahlo）等最伟大的天才，并对其给予支持，那么这些天才努力的成果将令整个社会都变得更加伟大。

这看上去有些道理。如果我们能帮助最拔尖的人物——或者仅仅是最出色人物中的少数几位——登上无论哪个领域的顶端，难道我们所有人不会从其发明创造、理念、发现以

及表演中获益吗？再次说明，这种制度当然能够令某些人获益，但归根结底会令我们蒙受更大损失。以杰夫·贝佐斯（Jeff Bezos）的星际开发计划为例。贝佐斯提出，巨额财富使得他能够取得其他成就，进而造福人类。按照当前的经济增长率，我们很快将突破地球的生态极限。贝佐斯在 2018 年曾表示，为应对这一点，当务之急就在于“殖民”其他星球，开发其资源。[32]（自那以后，他便首先致力于拯救地球免受气候变化之苦，只要这不会妨碍亚马逊公司的商业模式。[33] 而且他的太空探索计划似乎并非出于善意，而是旨 31
在将卫星、旅游、矿产等潜力巨大的“近地轨道经济”据为己有。[34] 抱歉，离题了。）

就这一案例而言，格外有意思的一点在于贝佐斯声称其太空计划将带来的一大益处。凭借着整个太阳系的资源，我们能够养活一万亿人口；“有了一万亿人口，我们就将拥有一千个爱因斯坦和一千个莫扎特”。[35] 伟大的企业家贝佐斯试图扩大人口规模，从而培养出更多伟大的科学家与艺术家；根据这一理论，其他芸芸众生则将从这些新天才创造出的资源中获益。

在这番言论中，首个显而易见的纰漏，早已被拉杰·切蒂（Raj Chetty）及其“机会平等计划”（Equality of Opportunity Project）的同事确切地记录在案：光是在地球上，恐怕已有数千个爱因斯坦遭到了埋没。我们之所以未能发现他们，不是因为他们不存在，而是因为他们是穷孩子，是女孩，或是有色人种，因而没有资源或勇气成长为发明家。[36] 数十年前，斯蒂芬·杰伊·古尔德（Stephen Jay Gould）便用诗一般的语言说明了这一点："与爱因斯坦大脑的重量及卷积相比，我更感兴趣的是这一几乎确凿的事实：在棉花田间和血汗工厂里生活并死去的人中间，也有才华可与其匹敌的人物。"[37] 贝佐斯似乎并未意识到，假如人口数量增加，但社会结构不变，那么这只会意味着更多爱因斯坦将被埋没。

不过，我的观点与切蒂的也并不相同。培养各种背景的少年天才固然很重要，但仅仅关注被埋没的发明家，同样并未把握住要点。和破坏一样，发明创造也是个中性词。伯尼·桑德斯（Bernie Sanders）和特朗普都是政坛发明家，但
32 这样的描述无助于我们了解其政策。重要的是发明创造具备怎样的价值。正如爱因斯坦本人所言："科学……不能创造目的，更不用说把目的灌输给人们；科学至多只能为达到某些目的提供手段。"[38] 简言之：科学需要道德。

上述引语出自爱因斯坦的文章《为什么要社会主义?》（"Why Socialism?"）。这篇文章于1949年5月发表在社会主义杂志《每月评论》（*Monthly Review*）的创刊号上。目前我的关注点并非爱因斯坦所关注的经济平台，而是作为其基础的道德理性："对个人的教育，除了要发挥他本人天赋的才能，还应当努力发展他对整个人类的责任感，以代替我们目前这个社会中对权力和名利的赞扬。"换句话说，爱因斯坦会反对对爱因斯坦的赞扬。他的兴趣不在于发现下一个伟大的自己，而在于弄清科学家如何才能摆脱竞争，学会以合作的方式促进地球的总体福祉。他关心的不是被埋没的爱因斯

坦，而是77亿人被埋没的能量。造成这种现象的原因则是，全部资源甚至并未被用在他这样的少数超级天才身上，而是被倾注在人数更少的、才华受到了认可的幸运儿身上。我的论点不是要贬低爱因斯坦，而是要指出：爱因斯坦认识到了，自己之所以能成为爱因斯坦，其基础不仅仅在于伟大前辈所作出的贡献，还在于“普通人”的贡献——他们为爱因斯坦提供了研究所需的设备，保障了他工作场所的干净、整洁，为他及时订购了所需的任何一种材料，并创造了道德目的——而爱因斯坦的科学研究正是为了找到实现这些目的的手段。换句话说，爱因斯坦认识到，由于我们根本的相互依赖性，每个人都值得过上足够好的生活，无论他们是谁——哪怕他只是一名默默无闻的专利审查员。

可是，得了吧，难道就不存在追求了不起的良好形式吗？

此时，我需要对某些内容加以澄清，因为我的论点常常 33
会在这里遇到最激烈的抵制。[39] 人们常常能够理解，为什么贝佐斯的财富实在是过多了；但一个不尽可能奖励并支持爱因斯坦的世界，怎么还能被认为是足够好的呢？难道我还试图推翻“像甘地或者马丁·路德·金这样的人物，是伟大的”这样的观念？此外，人们还能举出其他更具说服力的例子。我曾收到来自一名社区组织者的电子邮件，他向我提出了这样的疑问：“我帮忙将生活在贫困中的人们组织起来，这些人要干好几份辛苦的工作，才能将食物摆上餐桌。尽管如此，每天晚上，在辅导孩子做完作业之后，他们还是会花时间与邻居交谈、参加会议，并且为改善社区的状况而斗争。我们真的想说，这些人仅仅是‘足够好’吗？他们难道不‘了不起’吗？”

简短的答案是：他们当然了不起。再次说明，我反对的“伟大/了不起”，是一种赋予社会以某种结构的机制，而不是这个词本身。我充分理解并承认，在像我们的世界这样不公正的地方，为了改善我们共同的处境，我们可能需要依赖他人付出比正常情况下更多的努力。然而对我而言，问题在于：难道就应该这样吗？我们就应该生活在这样的世界里吗：人们辛苦工作、却只能勉强度日；更加辛苦地工作，只为为他人创造更美好的世界？这些人所做的工作堪称了不起，但其工作本身却不是为了追求拔尖。也就是说，这些工作不是为了使他们、使其社会或国家成为最优秀者，从而使得自己能够高居于金字塔之巅。这些工作是为了人人都能过上自己需要的美好与充足的生活。换句话说就是，这些工作是为了实现“足够好”这一目标。

事实上，与任何其他情况一样，在追求正义的过程中，
34 追求伟大这一机制也可能构成一大问题。我们在全世界都见证过这种情况：革命领袖们许诺要让所有人过上美好的生活，最终却只是令自己和身边人发了财。我们每天在社会运动中也能发现这种情况，其普通参与者和领导者都因此感到筋疲力尽。[40] 克服这种情况之道不在于个人加倍努力，而

在于想方设法使更多人参与到社会运动之中，从而分担促进社会转型的重负。“加入我们的事业吧，与有权有势者战斗到筋疲力尽”，这并不是一句优秀的口号。正如网名为“阿德里安·玛丽·布朗”（adrienne maree brown）的社会正义运动组织者在一篇博文中所叙述的：“现在我感到自己不想继续下去了……在筋疲力尽之后，我希望有意识地关注自己的安康，作出一些调整，从而使得自己能够坚持下去。我希望所有感到疲惫的同志，都能学会如何轮换着工作。”她提到的“轮换”一词，正是大雁在以V形编队迁徙时所做的。大雁会轮流到V形编队的前方领飞，因为领飞工作最为费力，难以持续。她认为，活动家们同样应该“轮换”，与越来越多的“普通人”交替工作。否则，身处领导者背后的这些“普通人”，其能力就会一直处于隐藏状态。这并不意味着就不再需要领导者了。领导是一种技能，某些人在这方面可能比其他人更有天赋。但这种技能往往是可以传授的。具备这种技能的人，要比有机会施展它的人多得多。通过使领导层的结构更具轮替性，使展现出意愿与能力的人参与其中，运动就不会再那么依赖于了不起的（常常即将筋疲力尽的）领导者了，而是会依赖于所有足够好的成员。他们所有人，只要愿意，就将轮流领导大家。[41]

这种观点正是美国民权运动留给我们的持久经验的部分内容。这场运动常常因其魅力非凡的领袖人物而被人所铭记，但它同样依赖于各界黑人的鼎力支持。在历史学家查尔 35
斯·佩恩（Charles Payne）看来，要想更好地理解民权运动的这部分内容，就应该将注意力从马丁·路德·金等领袖处，转移到埃拉·帕克（Ella Parker）和塞普蒂玛·克拉克（Septima Clark）等女性身上。这些女性是“激进的民主派，坚决要求人民拥有在事关自己生活的决策过程中发声的权利，深信普通人有潜力开发出有效行使这一权利的能力；她们还对自上而下的组织、这些组织的领导者，以及领导地位常常催生的自我主义心存疑虑”。[42]（实际上，她们的确向马丁·路德·金等领导人的自我主义发起过挑战。[43]）和创造足够好的生活需要做到的一切一样，以这种方式组织社会运动，也绝非易事。正如玛丽·布朗所言，有时候最为困难的事情莫过于在筋疲力尽之前让自己慢下来，尽管这一事业如此重要，以至于你压根不愿停止工作。正如温尼科特笔下足够好的父母一样，足够好的组织者面临的挑战同样在于，学会在支持与放手之间达成适当的平衡，从而使得运动得以蓬勃壮大。因此，我们完全可以认为某些人的行为或成就是伟大的，但这绝不是在为围绕着“追求伟大”这一意识形态构建世界而辩护。

冰冷、破碎，但依旧哈利路亚

人们早就认识到了伟大机制的上述问题。在接下来的章节中，我将探讨“追求伟大”这一意识形态的历史，以及与之并行的、反抗这一意识形态的各种运动。“伟大”是许多社会秩序的标准范式。这些社会秩序用它来为等级制度、上下之别，以及少数人的特权正名。在这些社会秩序内部，思想家和社会运动纷纷奋起，向伟大机制发起挑战，并就如何创造一个为了多数人的世界提出了各种替代模式。

创造为了所有人的足够好的生活，之所以面临如此艰巨 36
的挑战，部分原因在于，我们在克服追求伟大的过程中，可能会自视为理应受到优待的新精英：应围绕着这些新的伟大人物构建社会。我们可以发现，在佛教、基督教等运动中都发生了类似的情况。这些运动都始于对权力的批判和重塑平等世界的愿望，到头来都催生了新的权势集团和新形式的等级制度。尽管某些佛教徒曾反抗等级制度，并主张所有人都能获得救赎，但另外一些佛教徒却站到了残暴的帝王一边，驱使寺院里的奴隶为自己耕种土地，自己却在一旁诵读经文。尽管耶稣基督反对罗马帝国的不平等与残暴，其追随者日后却建立起了某些过去两千年间最为残暴和不平等的王国。

“足够好的世界”理论与现实之间的鸿沟并非不常见。对 20 世纪声称追求共产主义的各国遭受的失败加以反思时，今天的许多右派会以此为由来贬低平等主义运动，称其“不可避免地”会导致威权主义。但需要牢记这一点：亚当·斯密也曾畅想日后的资本主义制度将促成这样一种“与土地被平均分给所有居民时的分配状况几乎一模一样”的生活必需品分配方式。[44] 但斯密的做法也未能产生期望的结果。既然不平等的局面会导致如此多显而易见的问题，又有如此多理由主张帮助所有人都过上美好的生活，创造这一世界的尝

37 试为何还会屡屡失败呢？部分原因就在于，克服精英统治非常困难。掌握权力就意味着你能够构建将使你保持权力的结构。但同样也发生过这样的情况：这类运动中最为出色的那些，的确削弱了精英统治以及我们内心深处追求伟大的欲望。这两类故事我都将予以讲述。

此外，我们还可以从这些运动如何偏离了追求足够好的生活这一目标中吸取教训。或许最为常见的错误就在于，相信你是在用一种新型完美世界，取代以伟大为导向的世界；而不是意识到，身为人类，原本就需要直面不可避免的失败。关于爱情，伦纳德·科恩（Leonard Cohen）曾写下这样的歌词："这不是一首胜利进行曲。这是一首冰冷、破碎的哈利路亚。"大多数试图超越伟大的运动最终都因为相信自己在进行一场胜利的行军，而沦为其复制品。它们想象各种幸福的、得救的乌托邦。但不幸的是，正如哲学家以赛亚·伯林（Isaiah Berlin）在第二次世界大战结束后不久就明确领会到的："如果有人真的相信这样一种解决方案是可能的，那么为了实现它，任何代价都不会显得过高：为了令人类永远获得正义、幸福、创造力与和谐，怎样的代价能算得上是过高呢？"[45] 这些愿意不惜代价的运动常常会一头扎进自身的等级制度之中，以推翻旧精英的名义，创造出新的权力回路，并使得自己成为新的精英。针对这种情况，变得犬儒并非恰当的回应。不应信奉"寡头统治的铁律"，也不应屈服于当前的失败这一永久的敌托邦，而应该表达一种类似于科恩的愿景：爱情是存在的，也值得我们欢乐地歌颂，但我们心中必须牢记其本身的局限。冰冷且破碎，的确如此；哈利路亚与爱情，同样如此。这就是足够好的智慧。

为了所有人的足够好的生活

“足够好”——但愿我已经阐明了这一概念——不等同 38
于“差不多还行”。它不是要为放弃、为接受无法忍受的状况而开脱。尽管“足够好”始于承认人类不可能彻底避免悲剧或困境，但这一流派的思想家并未就此止步。他们跟随詹姆斯·鲍德温（James Baldwin），认识到了这只是两种相互对立的需要中的一种：这需要“完全不带怨恨之情地接受生活的现状”，但同时又要求“权力平等：永远不接受不公，不将其视为常态”。[46] 足够好的生活接受人的缺陷，承认我们的优秀终归是有限度的。然而，正因为这些缺陷，它要求人人都能过上美好与充足的生活。因为世界是足够好的，我们对彼此也应该做到足够好。但这并非是要投降，而是要呼吁将世界重新想象为一个对于所有人而言都充满了意义、资源与创造力的地方，呼吁我们产生这样的想法：在这个优雅但脆弱的星球上，我们的命运都不可逆转地与全人类的命运绑定在了一起。它还呼吁我们意识到这一点：从维系着我们生活的寻常劳动，到令我们更加亲密的寻常关爱，伟大机制忽视了世界上许多有价值的东西。

在接下来的章节中，我将考察这些元素是如何联系在一起的：对我们自己做到足够好，会要求我们与他人建立起足够好的关系；这种关系又要求社会政策促使所有人以及我们共享的地球都变得更加足够好。既然我们与社会世界及自然界都是相互塑造的，那么这些关系中的每一种应该都能说明其他几种。我将以最简要的形式，横跨人类生活中相互联系的各个领域，就支持足够好的生活提出如下理由。作为足够
39 好的个人，我们将承认自己的局限性，并欣然接受自己的谦卑地位，但我们也将坚持要求发出声音、权力平等以及受到认可的权利——我们应被认可为正派的，我们的贡献理应受到赞赏。我们的主要志向不在于登上社会秩序的顶端，而在于帮助创造一个是否登上社会秩序顶端几乎无足轻重的世界。我们将发现，我们的高尚之处在于，通过齐心协力的工作，我们能够保证所有人都过上美好与充足的生活。既然已欣然接受了失败的可能，我们便将富有创造性和适应性。我们还将拥有安全感，这使得我们能够应对身为人类的全部复杂性。

这种复杂性包括学习如何满足彼此的社会需求与情感需求。由于我们要塑造一个个人福祉不过分依赖于登上社会等级次序之巅的世界，我们便可在人际关系中将这一点排除在外：向彼此施压，敦促其取得超越他人的成就。由于我们意识到了，即使好人也可能背叛和伤害他人，我们便可以着手建立这样一种人际关系：它不以成为完美伴侣或朋友为目标，而是旨在为彼此提供日常关爱，令我们产生家一样的感觉。重新立足于这一日常现实之后，我们便可以更好地欣赏寻常的劳动和细小的关爱，正是这些行为维持着并确认了我

们的社会肌理。我们既可以产生悲剧感，从而为遭到误解做好准备；又可以产生盖过一切的轻快感，超脱于潜在的裂痕之上。

我们希望对于自我以及人际关系的这一愿景能发扬光大，我们的社会制度则将为其提供支持。在许多方面，这都将类似于最为出色的社会民主主义治理，但通过更加专注于促进合作性质的经济、政治与社会进步，它又超越了社会民主主义。在这一社会模式中，我们不会坐等伟大的企业家、
领导人以及破坏者创造出在道德上麻木不仁、为争夺市场份 40
额与政治权力展开残酷竞争的未来。恰恰相反，我们将共同努力，对于在以伟大为导向的社会中被抛到一边者，通过激发他们遭到埋没的能量，推动社会经济进步，并以更加平等的方式惠及所有人。这并非乌托邦。这并不是认为，只要做到了这些事情，就能够催生一个完全平等或毫无分歧、无比和谐的社会世界。这只是在声称，我们能够更好地传递和分配人性的价值、善意与美好，从而在背叛与错误面前——这也是我们所处状态的一部分——为我们提供共同的缓冲。

如果对我们的自然状态缺少更深刻的认识，这种进步就不可能实现。我们并非因进化过程而注定要追求登上等级次序之巅。我们也继承了一段合作的历史，并将把它传递给未来的世代。要想确保我们的未来变得美好，我们需要从文化角度弄清科学早已知道的事实：没有哪群人比其他人更加伟大；作为整体的人类也不比自然界更加伟大。人与自然都是足够好的系统，二者之间是共生关系。自然界并非完美和

谐，我们无法也不应该回归其中。自然界和人类历史一样，也充满了残酷。但无论如何，自然界终归是稀有的、令人惊叹的：它好到足以维持生命的程度。迄今为止，我们在宇宙中都尚未发现这样的地方。只有在特定的资源与气候条件下，我们的地球才能够继续维持我们的生活。在这样的条件下在地球上生活，就意味着对地球如此美好、资源如此充足心存感激，但又必须认识到，地球的美好是有限度的，它并不拥有无穷无尽的资源可供开发。

您不必只有做到拔尖才能过上足够好的生活。“我们必须在某方面做到拔尖，才能具有价值”——向我们灌输这一想法的文化事实上扼杀了令我们所有人都过上足够好生活的可能。“追求伟大/拔尖”这一意识形态损害了我们的心理、
41 我们的人际关系、我们的社会以及我们的环境。在克服这种破坏之时，“足够好”并不会变成完美。恰恰相反，它会欣然接受并赞赏我们的不完美，但与此同时又坚持这一目标：要保障所有人都过上美好、充足的生活。在足够好的世界里，我们不会裹足不前，而是会通过在其他情况下遭到无视的数十亿人的合作劳动，获取新的进步动力。焦虑更少，意义更多；分心更少，关爱更多；不平等更少，民主合作更多；破坏更少，与自然的协调一致更多——这就是构成足够好的生活的各项元素。

第二章
我们自己

你渴望成为哪种人？要回答这一有关我们生活的根本问题，我们会自觉不自觉地借助各种来源，包括我们的个人倾向与性格（这取决于我们继承的基因以及进化过程），我们的家庭及其价值观，我们可能接受的某种宗教或哲学传统，我们的朋友与同辈，以及我们的社会、经济、政治与文化结构及规范所提倡的观念。这些来源都是相互关联的：我们出生的家庭可能会对我们的宗教虔诚度产生影响（要么是因为我们听话，要么是因为我们叛逆）；随着时间的流逝，宗教本身也可能发生变化，因为它受到流行文化的影响；而流行文化本身则可能由经济利益所塑造。 42

如今对于我们的志向而言，最强有力的影响之一在于做到拔尖这一压力。也就是说，要最大限度地发挥我们的潜力，登上所处领域的顶端。这一影响横跨了上述方方面面。这种压力来自何处？我曾经提出，其部分源头在于免受苦难的愿望。个人压力、文化压力、经济与政治压力，以及源自我们生理特征的压力，加剧了这种愿望。本章不仅会勾勒出

各种哲学理念可能如何促使人们为追求拔尖而展开竞争，还
43 将表明这一点：存在着某些生机勃勃的哲学体系，它们提倡的是更为平等的替代方案。

在此，我之所以选择专注于哲学，是因为哲学构成了我们有关美好生活之概念的基础。通常而言，哲学是从根本上最为关注这一问题的学科：我在一生中应该做些什么？当然，无论我们选择哪种哲学，在试图践行其理想的过程中，我们都必须与各股文化力量展开较量。在声称自己构成了我们对于美好生活认知的基础方面，哲学也面临着竞争，尤其是来自这一信念的竞争：我们生活的价值是与我们的经济收益密切相关的。事实上，鉴于我在上一章中所描绘的结构性困难，仅仅专注于我们自己可能是毫无意义的。不过，尽管我们自己能做的很有限，但试着确定我们志向的规范性地平线，也就是说，确定有助于塑造我们对于应如何生活之认知的、关于正确行为的各种理念，仍然是重要的。

“为了所有人的足够好的生活”这一理想，要求我们将让自己成为这样一类人作为目标：他们能够促进并参与一个让人人都能过上美好与充足生活的世界。重要的是，这一理想会激励作为个人的我们。这并不是要我们放弃为了某些更加崇高的使命不断作出牺牲的意志与愿望。事实上，如此专注于竞争性利润增长的社会，问题就在于此：我们被要求根据自己产出经济价值的能力来界定自己。[1] 而在足够好的世界里，不再受这样单一要求的束缚，我们就可以追求那些自己真正在乎的事情，而不只是因为它们能满足我们找一份工

作的需要。正是在这一意义上，这种理想既是足够的，也是美好的：它关注的并非只是充足，而是要积极地满足开发我们的能力、实现我们的热情这一情感与心理需求。当然，足够好的世界仍不可能完美。仍可能存在某些对于社会而言必 44
要，但没有人真正希望从事的劳动。然而，这些劳动不会再落到最不幸的人身上，而是会成为我们共同的社会负担，以或多或少更加平均的方式被加以分配。[2]

正因此，尽管足够好的生活会对作为个人的我们产生影响，但它的内容并非仅仅关于自助。在既富有启发性，又令人恼火的作品《“他娘的不在乎”这一微妙的艺术》中，高人气博主马克·曼森鼓励他的读者意识到，“关键就在于他娘的不在乎。这就是为什么它将拯救世界。它将以这种方式来拯救世界：承认世界就是糟透了，但这也无所谓，因为世界从来都是这样，也永远会是这样”[3]。曼森的要点不在于，我们就应该什么都不关心，而在于我们应该学会“将（我们的）在乎留给真正重要的事情：朋友、家人、意义、墨西哥玉米饼，偶尔还有一两场官司”[4]。不要执着于没有意义的事情，去参与那些值得关注的事情，这样的建议真的很不错。但在曼森列出的清单上，也存在某些显而易见的问题：这些内容全都只关乎得到你和朋友、家人想要得到的，不涉及更为宏大的使命。然而，如果不怀有更宏大的使命，我们中的任何人就几乎不可能去“他娘的”在乎除了我们自己利益以外的任何事情。

我们需要这样一套道德体系：接受曼森提出的有关生活

艰辛的睿智之言，并将其转化为某种社会愿景。我们之所以这样做，究竟是因为我们相信在上帝（或者众神）之下人人平等，还是因为我们相信彼此在物质上相互依赖，这并不是我关注的问题。我主张的是一种可以被称为“足够好的普遍主义”的观念。这一名称带有双关意味：这是一种关于做到足够好的普遍主义，但又不是彻底的普遍主义。让所有人在思想上和行动上都整齐划一，既有违多元主义，也压根不可能做到。这一理念绝非要致力于这一目标，而是要令我们发挥自己独特的能力与潜能，投身于一项共同的计划，即创造
45 一个为了所有人的“足够好的世界”。要做到这一点，我们可以依靠我们已经了解，但并非经常重视的世界的方方面面，例如我们对待合作、相互关联与关爱的态度。在我们的世界观中突显这些内容，有助于将让所有人过上美好与充足的生活确立为我们的规范性地平线。

我在本章中将探讨的各种哲学——各种版本的美德伦理学、佛教教义，以及非裔美国人哲学——全都以这一规范性地平线为导向。它们主张这一激进的理念：生活不是关于我们中间最具才华、最为成功的人物能够为社会作出怎样的贡献，而是关于在有意义的世界中，如何使得每个人都被视为成功和值得赞赏的。通过美德伦理学，尤其是精彩的电视剧《善地》（*The Good Place*）所展示的那种美德伦理学，我们可以认识到，美德是可以传授的。令自己能够大有作为，也就意味着帮助他人大有作为。通过佛教教义，我们可以认识到，尽管生命中某些困难在所难免，但减少苦难的最佳方式

就在于接受我们的相互依赖性。通过非裔美国人哲学，我们可以认识到，克服对做到拔尖的追求就如同一场需要在多条战线上展开的战斗，斗争的结果不是形成新的等级秩序，而是为了所有人的美好、充足且不完美的世界得到普遍确立。

甚至在我还未开始论述之前，有些人或许就要抗议了：个人会被驱使着去追求各自的幸福，我提出的那种高尚的愿景将落空。然而，如果说对幸福心理的科学研究让我们学到了什么的话，那就是，对幸福的个人主义追求是无法为我们的生活增添快乐的。我们骗自己相信，财富与成功将为我们带来幸福。然而，大多数研究都显示，获胜就如同一个漏水的杯子：我们得到的越多，想要的就更多。总有更高的地位或更伟大的成就可以争取。然而，共同体与善意，却会令我 46
们长久获益。[5] 伟大真的可能并没有那么好。

开端

《创世纪》的开篇讲述了上帝如何在世界这片“空虚混沌”中创造出天与地、陆与海、光与暗的故事。每一次当上帝创造出某物时，其他人就会退后一步，作出评价。他们发现一切都很……完美？非也。伟大？非也。卓越？非也。这些词都不对。“好”才是正确的评价。[6] 就这一语境而言，“tov”这个希伯来语单词可能指的并不是道德上的好，甚至可能并不意味着特别突出。它的意思类似于“足够好”：就其目的而言够用了，其目的则在于维持生命。[7]

据某些当代人类学家和考古学家表示，大约一万年前某些地方的早期人类生活的确符合这种“好”的定义。这种生活充满了痛苦与暴力，但食物和闲暇是绝对充足的。人类学家马歇尔·萨林斯（Marshall Sahlins）将其称为“最初的富足社会”，因为食物很充裕，这就意味着要干的活儿相对而言比较少，社会规范也旨在保持这种闲暇的生活。每天的平均劳动时长只有几小时，其他时间都用于休闲、玩乐以及举行仪式。在今天的许多人看来——甚至在常常因各种外部力量陷入险境的当代狩猎采集者看来——狩猎采集生活算不上足够好，但在某些方面，这称得上是“最初的足够好的社会”。[8]

亚当与夏娃就生活在这样的世界里。土地为他们提供了丰富的物资，尽管他们对如何耕作及其意义仍一无所知。根
47 据某些叙述，当他们吃了分辨善恶树上的果子之后，便离开了这个原初的足够好的社会。在这里，他们原本不必为了获取基本生活物资而辛苦劳动。如今某些学者相信，伊甸园的故事是对从狩猎采集社会中较为轻松的食物采集劳动到艰难的农耕劳动这一转型的隐喻。[9] 这种看法能够解释亚当因偷吃禁果遭受的惩罚：“地必为你的缘故受咒诅。你必终身劳苦，才能从地里得吃的。”[10] 土地不再会给予馈赠，物资也不再充裕了。人类从此将不得不辛苦劳动，才能有所回报。正如政治学家詹姆斯·斯科特（James C. Scott）所认为的，这一新的稀缺型社会正是等级秩序下零和竞争的起源之一。根据这种叙述，《圣经》中人的堕落，是对以伟大为导向的

社会之起源的隐喻。在这样的社会里，只有通过竞争，才能幸存下去。[11]

作为世界哲学史大部分内容基础的，是两种历史观之间的斗争。一种观点呼吁我们过更简单、与自然更和谐的生活，不要那么焦虑地试图实现一项又一项了不起的成就。我们可以将这种立场与乔达摩·悉达多（Siddhartha Gautama）、让-雅克·卢梭（Jean-Jacques Rousseau）以及亨利·大卫·梭罗（Henry David Thoreau）等思想家联系在一起。另一种观点则相信，个人在地球上独一无二的目标应该在于突破自己的极限，尽可能地做到拔尖和变强。这种观点可以与孔子、柏拉图以及亚当·斯密等联系起来。（这样的联系都不完全准确，但分门别类有助于说明这两类观点。）追求简单这一方无法理解，明明无需此种压力，世界也可以美好、富足，为什么完美主义者还是愿意辛苦地劳动，为了追求卓越而忍受焦虑。追求完美这一方无法理解，明明人类的潜能有着无
穷的可能性，为什么其他人还是如此麻木、懒散。对前者而 48
言，告别狩猎采集生活是一次悲剧性的堕落，我们仍未从中走出。对于后者而言，这却是一次“幸福的堕落”，将我们拽出了田园牧歌般的大自然，促使我们踏上了践行人类志业的真正道路。

然而，这种非此即彼的观点可能会遮蔽第三种选项：我们可以提出更好的方案，以过上足够好的生活。我们不必怀念人类堕落之前的闲暇与自然物资的富足，我们也不必为了追求本质上不可能实现的完美而无休无止地辛苦工作。（毕

竟，如果全部要点就在于奋斗，那么标杆就将被不断提升。）与之相反，我们可以认为，人类在开端所处的状态——至少是《创世纪》想象的那种状态——为接下来应怎样做提供了模板。对于本书的大多数读者而言，重新过上狩猎采集生活恐怕都不是他们期望的未来。但某种新形式的足够好的生活，却可能是。

问题不只在于经济，笨蛋[12]

要创造新形式的足够好的生活，一大障碍在于许多人内心深处的这一欲望：要变得比其他任何人更富有。我们应该记得，这正是财富的意义；这只是一种相对的衡量方式。然而，不是只有贪婪的少数人才有这种欲望。我们对于美好生活的愿景，愈发受到经济利益的塑造。1960 年代时，特立独行的经济学家肯尼思·博尔丁（Kenneth Boulding）曾撰文，将这种现象称为“经济学帝国主义”。[13] 今天的社会科学家，例如政治学家雯迪·布朗（Wendy Brown），则倾向于使用“新自由主义”一词。[14] 其基本观点在于：经济理性愈发主宰着各种价值观。这方面的一个例子是，在考虑监管措施时，各国政府竟名副其实地为人的生命设定了价格。例如，在 1960 年代末和 1970 年代初，尼克松政府与福特政府定下的价格是，每条人命大约值 20 万美元。1967 年时，女
49 演员杰恩·曼斯菲尔德（Jayne Mansfield）乘坐的轿车钻入了一辆拖车的底部，她在这场车祸中丧生。有人建议要求拖车

在底部加装防撞护栏，以避免未来再度发生此类意外。作为回应，分析人士在进行了一番计算之后认定，在美国加装此类防撞护栏，每年能够拯救 180 条生命，价值相当于 3600 万美元；但其成本将高达 3.1 亿美元。于是，政府便并未出台任何监管措施。[15]（在进行此番计算时，民主党人曾试图提高人命的价格，由此为更严格的安全监管措施正名。于是，给民主党投票的理由之一就是，这样做可能真的会救你的命。[16]）经济学压倒了其他价值体系，这种情况不仅体现在此类监管措施中。正如布朗所表明的，我们看待教育、言论自由，乃至爱情的方式，都愈发受到了经济学方式的影响。去哪里上学，学些什么；谁来发言，说多少内容；和怎样的人结婚——人们在作出所有这些决定时，都至少会在一定程度上参考经济学。

这样的文化会对我们的志向选择产生怎样的影响？结果之一就在于，工资更高的工作岗位往往也更加抢手。作为普林斯顿大学的一名老师，我有时候会感觉自己是在为一所商业预科学校工作。尽管我的许多学生都厌恶不平等，感到因紧张情绪和家庭压力喘不上气，并且希望为社会作出有意义的贡献，但许多人最终还是会纯粹以工资高低为标准来找工作。有一名出身富裕家庭的优秀学生，爱好跳芭蕾，反对不平等，在我这门课上还撰写过一篇关于激进哲学家米歇尔·福柯（Michel Foucault）的论文。我无意间曾听到这名学生表示，如果自己在毕业后每年挣不到 20 万美元，就不知道上一所常春藤联盟大学还有什么意义。当然，我的学生并非全

都以此为目标，而且我曾教过的许多来自低收入背景的学
50 生，同样希望在毕业后能赚大钱，有时候是出于与家庭债务
或其他危机相关的理由。然而，这些问题的解决方案不是令
少数优秀人物过上好日子，而是需要改变导致此类问题的
状况。

我不认为我的学生会完全反对这一点。某个学期当我在课堂上描述本书将要传递的信息时——这个世界已太过焦虑，压力太大，过于不平等，造成了太多破坏，以及我们如何才能过上更具可持续性、更具关爱的生活——他们都向我投来了专注的目光，对我所说的内容频频点头认可。他们中的许多人都希望过上足够好的生活，找到与自己价值观及兴趣相符的工作。但社会中的一切都在将他们推向另外一个方向。于是我便看到，学生们为科技巨头与大银行的实习机会展开了无情的竞争，尽管他们反对这些公司起到的加剧不平等与不公正的作用。学生们或许有理由为自己辩护：比如说，他们会把自己的全部财富捐献出去；或者，在从事对自己更有意义的工作之前，想体验在大企业工作的滋味；又或者，经济增长对于整个社会而言是有益的。不过，虽然有些学生感到有必要为自己的选择辩护，但大多数人都不需要这么做。这一点在文化上已经获得了认可：赚尽可能多的钱，这种志向不仅是可以接受的，在道德上更是正当的。

尽管经济逻辑的力量是在过去数十年间不断增强的，但它其实有着更早的根源。不过，其根源并不像我们以为的那样久远。马克斯·韦伯（Max Weber）在其经典著作《新教

伦理与资本主义精神》(*The Protestant Ethic and the Spirit of Capitalism*, 1905) 中提出，认为金钱收益与美好生活是相统一的，这种想法其实发生于仅仅数世纪之前的一场革命。在探讨本杰明·富兰克林 (Benjamin Franklin) 的言论时，韦伯指出，富兰克林往往会把节俭及经济收益与智慧联系起来。诚然，历史上人们自始至终都在追求财富与权力，但这里的差别在于，先前的文化倾向于将“身为富人”与“身为好人”分 51
离开来，甚至常常会用智慧来对追逐利益的行为表示谴责。富兰克林则坚称二者之间有着本质上的联系。在富兰克林看来，要成为聪明人，就得攒钱和赚钱：省下一个便士，就如同赚到了一个便士，以此类推。[17] 在富兰克林写下这些内容的同一时期，亚当·斯密在《国富论》(*Wealth of Nations*, 1776) 中为这一论点提供了道德逻辑。斯密的观点相当简单：财富越多，每个人的处境就会变得更好；因此推动经济增长就是一条道德律令。斯密并未以任何方式提出，财富增长就是唯一的价值。不过，通过暗示这或许是最高价值，斯密还是帮人们打开了潘多拉的魔盒。[18] 此时，财富成为最高价值；其他一切东西，包括人的生命在内，都需要以经济价值的名义为自己正名。

当然，这一过程并非没有遇到挑战，也并非所有人每时每刻都沉浸在此类经济理性之中。我们依旧常常会以其他价值的名义，做一些没有或鲜有经济价值的事情。我们会为了爱情结婚；会慷慨地倾囊相助，在危机时期尤其如此；我们会选择自己认为具有社会价值的职业生涯，例如护理、老年人看护或教书（如果有能力的话），哪怕其薪酬不如其他领域丰厚。然而，出于经济竞争考虑做出选择，这种做法会造成各种恶果。例如，全美国范围内的公立学校教师于 2018 年发起了一系列声势浩大的罢工。他们罢工的部分原因，是为了抗议用在学生身上的经费不足，这导致西弗吉尼亚等州的部分教师，为购买基本教学物资，每年要从自己本就微薄的收入里掏出超过 1000 美元。[19] 他们罢工也是为了抗议微薄的工资。公立学校教师平均工资在过去 20 年间下降了。[20]
他们罢工还因为感到不公。他们选择了为公众服务的职业，
52 关爱着自己的学生，辛勤地工作，却发现自己的收入比“其他行业中可供比较的教育工作者低了 17%”。[21] 这样的情况导致他们倦怠、离职率高、情绪低落，这到头来又会剥夺未来世代成长及开发自己潜能的机会。[22]

正如芬兰经验所表明的，解决这一问题的方法不只在于提高教师工资。芬兰通常被认为拥有世界上最出色的公立教育体系之一。芬兰教师也比美国教师挣得多一些。不过，比这更重要的是，他们享受着更为平等的社会以及对其职业更加尊重所带来的普遍益处。如此一来，芬兰教师就能过上足够好的生活，并享受到社会的高度尊重。[23] 芬兰并不是个乌托邦，但它毕竟对其教师更为尊重。而且该国以共同分担的方式提供社会产品，这意味着其对高工资的重视程度也较低。像美国这样的国家，如何才能摆脱经济逻辑及其要求的桎梏，不再将追求巨额财富视为我们的最高志向？像芬兰这样的国家，又如何才能确保在过去数年间已有所入侵的财富

逻辑，不盖过其社会价值观呢？[24]

美德的回归

从哲学角度来看，这些问题最重要的答案之一，是由那些试图在20世纪复兴亚里士多德美德伦理学传统的学者提出的。[25] 其中的重要人物包括阿拉斯代尔·麦金太尔（Alasdair MacIntyre）、迈克尔·沃尔泽（Michael Walzer）和迈克尔·桑德尔（Michael Sandel）。我将用较长的篇幅讨论这一传统的复兴，因为我相信它尽管带来了希望，但仍体现出任何仅仅关注拔尖之某个侧面——这里是经济方面的伟大——的模式所具有的局限性，并且未将“追求伟大/拔尖”当作一个贯穿我们生活中各个领域的问题加以考虑。

在亚里士多德（公元前384年至前322年）看来，美德 53
是一种可以被教授的习惯。通过教育和沉思，任何人都可以开发出采取高尚行为的能力。[26] 对亚里士多德来说，美德与财富毫无关系。事实上，亚里士多德正属于将道德发展置于经济发展之上的智慧传统的一部分。而且，这种道德发展的核心在于对一系列属性予以完善，诸如勇气与克制。这些美德是介于“不足与过度”之间的“黄金中道”。因此，人们应当希望变得勇敢，但不应鲁莽（过度）或怯懦（不足）；希望变得克制，但不应放纵（过度）或麻木（不足）。[27] 其视觉再现如下：

不足	适度的美德	过度
怯懦	勇敢	鲁莽
麻木	克制	放纵

亚里士多德认为，要具备这样的美德，需要大量训练。“为善，”他对我们表示，“这一任务并不容易。”他还更进一步。知道该发多大的火，或是如何有效放贷，又或是如何在任何情况下都行为得当，也是非常困难的：“对正确的人，以正确的程度，在正确的时机，凭借正确的动机，用正确的方式做到这一点，这不是人人都能完成的，也并不容易。因此‘善’既罕见，又崇高，值得赞美。”[28] 我们必须记住，亚里士多德是个实实在在的贵族——不是现代意义上那种操弄权力的精英，而是传统意义上相信最卓越者（aristos）应掌握权力（kratos）之人。尽管亚里士多德承认人类在实现完美卓越方面是有极限的，但他仍然相信，我们应该尽自己所能来实现这一目标：“只要我们可以，就必须令自己变得不朽，并且让每一根神经都紧张起来，按照我们身上最美好的品质去生活。”[29]

54 尽管亚里士多德有着贵族倾向，但今天的美德伦理学却认为，他的观念有助于遏制新自由主义浪潮。之所以这样认为，一个直截了当的理由在于，亚里士多德对追求财富持批判态度。他认为，生活的目标在于思想与文明的昌盛，而非物质进步。另一个更为独特的理由则是，亚里士多德要求我们思考，生活的各个领域如何有着各自的目标或终极目的。这一目标的内容是可以争论的，但生活的各个领域的目标不可能是同一个。因此，我们可以争论教育的目标是成为更好的公民还是对生活有更深刻的思想，但它不可能是赚钱，否则经济的目标将盖过教育的目标。如果问题是，经济思维构成了盖过一切其他价值形态的威胁，那么解决方式之一就在于，强行将沃尔泽所谓的“各个领域”或麦金太尔所谓的“各种实践”分离开来。[30] 基本观念在于，各个领域或各种实践应提出各自的价值度量标准。比如说，最好的医生指的是手术能力最高明的医生，而不是做起手术来只重速度与数量，不重质量，由此给医院带来最多收入的医生。正如沃尔泽所言：“（各个领域之间）篱笆筑得好，社会才能好。”[31]

在大受欢迎的《正义论》（*Justice*，2009）一书中，迈克尔·桑德尔非常清晰地表述了支持这一社会愿景的理由。他以如何分配长笛为例，展开了对亚里士多德的讨论。谁应该获得最好的长笛？还用问吗，当然是最出色的长笛演奏者。这一答案看上去显而易见是正确的，而且其结果有助于颠覆生活被市场化这一趋势。考虑一下这样的情况：存在某一款长笛，它比其他长笛都好得多，但其生产已经停止，并因此变得极为昂贵。如果各个领域之间的界线崩塌了，这款稀有的长笛就将归出价最高者所有。但根据美德伦理学，它应该归最出色的长笛演奏者所有。长笛如此，政治亦如此。应该由谁来统治？不是最富有的人，而是最能领导人民走向美好 55
生活之人。[32] 对于个人而言，结果显然就是，无论有着怎样的追求，都应该努力成为最好的——不是去赚钱，而是要实现所选择领域中的最高目标。

对沃尔泽而言，这意味着各个领域内部一定程度的不平等是可以接受的：我们“接受（不同领域）分配上的自主性，并且……认可这一点：不同领域中不同人得到不同的结果，这构成了一个公正的社会”。[33] 于是和亚里士多德的伦理学一样，这里也出现了贵族制的意味：这一观点关注的是卓越，以及保证最卓越者位于各个领域或实践的顶端。正如我在第一章中所提出的，这样的观点会让我们远离物质经济，但可能仍导致我们受制于地位经济。而且正如弗雷德·赫希曾警告的，当在地位经济中发生激烈竞争时，这最终会催生物质经济中的不平等。

乍看上去，这一点或许并不明显。和分配长笛的例子一样，美德伦理学的基本论点听上去非常有道理。我们当然希望最好的长笛用于演奏，而不是被展示；我们当然希望政客受到公共利益，而不是其股票投资组合的指引。但这种形式的美德伦理学的问题在于，它往往会否定自己致力于确立的东西。要想理解我为什么这样说，我们只需要提出一个简单的问题：我们要如何找出最出色的长笛演奏者？或者如何找出称职的政客？到头来，对于这一问题并不存在好的答案。试图在各个领域中找出最优秀者，也往往会重新催生美德伦理学声称要解决的经济问题。

让我们以找出最佳演奏者的常规方式为例：训练与比赛。（我更多地将其视为一项思想实验，而不是对于寻找长

笛演奏天才过程的事实性描述。所述内容并非专门针对这一领域，而是要对试图在任何领域内嘉奖被认为最优秀者这一 56
做法的逻辑和价值观加以普遍反思。）我们将教授任何希望学习者如何演奏长笛。最具天赋者将被选出，进入一所学院。学院中最出色的演奏者将进入排名第一的乐团。这看上去十分合理。不过让我们再来审视一下这句泛泛的话："教授任何希望学习者如何演奏长笛。"怎么可能所有人都知道存在这一机会呢？他们都能遇到水平相当的老师吗？世界上所有人都会学习如何演奏长笛吗？如果和亚里士多德所描述的美德一样，长笛演奏技巧也是可以传授的，那么教师的水平会发挥多重要的作用？社会科学家（以及常识）告诉我们，练习与教学固然十分重要，但一定程度的自然天赋与才能是无可替代的。[34] 但我们如何才能找到这些未经过练习与教学的天赋异禀者呢？大多数音乐训练都是从幼年开始的，但很少有人在年幼时就知道自己想要做什么。假如生来最具长笛演奏天赋者，在自己人生的头二十年希望成为一名芭蕾舞演员或厨师，因而从未充分开发自己的潜能，那又会怎样？或者，假如这样的人物甚至从来没有演奏过长笛，又会如何？

所以，面对这些问题，让我们承认吧：我们无法找出绝对意义上最出色的长笛演奏者。但从那些无论因为什么原因，得到了这一机会并留了下来的人当中，我们一定能够选出最出色者。这一让步可谓相当大，但就目前而言完全是合理的。让我们继续吧。我们随机选出了一批顶级长笛演奏天才。为了选出世界上最好的长笛的主人，选出能进入最负盛名的乐团演奏，并成为世界上少数能从其工作中挣得足额薪水的音乐家之一，我们会为他们所有人举行一场比赛。我们学院里的长笛演奏者一个接一个地登台。他们一一接受评
57 判，标准严格、透明。比赛得出了结果。优胜者诞生了。最出色的长笛演奏者被找到了。任务完成了。

果真如此吗？让我们从这一前提出发：举行一场比赛。没有什么证据表明，比赛能够选拔出我们当中最出色的人物。事实上，某些研究显示，比赛会降低我们的表演水平，因为它会导致我们分心，无法专注于做想做的事情——演奏乐器——而是关心取胜这一外部目标。[35] 一旦致力于寻找最出色者，我们谈论的就不再是最出色的长笛演奏者了。我们谈论的是在压力与表演等条件下，把长笛演奏得最为出色的人物。我们寻找的是最出色的“竞赛者”，而不是最出色的长笛演奏者。这二者并不是一回事。例如，对于儿童创作艺术作品的一项研究发现，那些被告知自己在参加一项要分个胜负的比赛的孩子，创作的艺术作品更为循规蹈矩、了无新意，因为他们认为这样更有机会取胜。而那些被告知可以随意绘画的孩子，则创作出了更具创造力和美学感染力的作品。[36]

将赢下一场比赛与追求卓越区分开来是重要的，部分原因在于，这会提醒我们注意，这里的问题与才华无关，而且我们的目的也不在于削弱或抑制任何人的才华。一方面是技艺或卓越；另一方面，是拔尖或最出色。在这二者之间存在

着差别。技艺不应该是零和游戏：理论上，任何人都可以成为卓越的长笛演奏者，但最出色并因此受到认可与嘉奖的长笛演奏者，只能有一位。沃尔泽有关对不同领域予以差异性奖励的论点，问题就在于此：这种做法固然有可能克服物质财富问题，但却未触动地位财富问题。毕竟，在满是卓越的长笛演奏者的世界里，我们要怎样选出将获得全部嘉奖——
无论是物质嘉奖，还是地位嘉奖——的少数人呢？我们又要 58
怎样对待那些技艺卓越，但因为不擅长比赛，由于种种原因就是无法登上巅峰的长笛演奏者呢？

对此，传统的美德伦理学家可能会表示：好吧，重点就在这里。成为你所在地区最出色的长笛演奏者，并不比成为该地区最出色的政客更好。身为最出色的长笛演奏者，这难道不意味着此人在比赛期间不会紧张吗？正如拉尔夫·沃尔多·爱默生（Ralph Waldo Emerson）所言："在独处时，遵从自己的意愿去生活，是容易的；但只有身处人群之中仍能充分保持独处时那种独立性的人物，才称得上伟大。"[37] 这番话很有道理，不过我们必须领悟到这究竟意味着什么。如果我们先考虑一下政客，那么这就意味着我们往往会选出在镜头面前阐述个人观点时魅力非凡的人物，而不考虑其促进公共利益的技艺是否精湛。这还可能意味着，我们不会去培养容易紧张但能力出众的长笛演奏者，而是会专注于那些充满自信且镇定自若的人。享受演奏乐器但不喜欢比赛的才子，很可能会掉队，而不是一路向前。在青少年体育领域，这种现象尤为突出。据小儿外科医生、少儿体育研究者查尔斯·

波普金（Charles A. Popkin）表示："研究发现，在年幼时便专门从事某项运动的孩子，会更早放弃这项运动，在成年后不活跃的比率也更高。"[38] 事实上，竞争可能会让卓越走开。

如果此类比赛发生在当前的社会里，那么既存的不平等
也可能对其结果产生影响。例如，如果在一天结束之时，你
总有遗产可以仰仗，那么发挥出最佳水平就要容易得多。假
如无法占据最出色的长笛演奏者这一地位，意味着你将无法
养活自己的家人，那么发挥出最佳水平就要困难得多了。如
59 果你在成长过程中足够有钱，能够求学于最出色的老师；或
是有机会在年幼时就参加比赛；或是有机会求助于心理学
家，以缓解比赛时的焦虑感；又或者不必为了多挣些钱而找
一份工作，可以将全部时间投入长笛演奏，那么在公开场合
成为最出色的长笛演奏者，同样会容易得多。（当然，虽然
在此家庭财富并不一定是个有利因素——毕竟，富有的父母
也可能鼓励孩子去赚钱，而不是成为长笛演奏者；或者他们
因为有其他追求，对孩子的关注会较少；又或者他们有着追
求完美的更高期望，这可能导致焦虑情绪严重到心理学家或
药物无法缓解的程度。）或许在经年练习之后，并未在比赛
中胜出的某人会成为一名同样出色的长笛演奏者，甚至在公
开场合也是如此。不过在这样的制度下，我们永远无法知道
这种情况是否会发生。

鉴于上述论点，我们可以回到我最初的让步，看看错误出在哪里：在此，我们不能简单地将机会平等这一问题抛到

一旁。当然，我们这些亚里士多德主义者对此都不会持有异议。他们会欣然表示，如果我们要找出最出色的长笛演奏者，就需要应对这些问题。然而，麻烦正在于此：一种宣扬成为最出色者的伦理体系，能够成为追求机会平等的运动的部分内容吗？答案很简单：不可能。因为任何存在着贵族的社会，都不可避免地使贵族赋予自己的子女以巨大的优势。[39]（正如迈克尔·杨在讽刺唯才是用时正确表明的，实现唯才是用的唯一道路，将包括这样的做法：根据其才华，将孩子与其家庭无情地分隔开来。）除非世界上最出色和最糟糕的长笛演奏者将获得相同（或者近乎相同）的报酬，并拥有相同（或者近乎相同）的社会地位，在公众眼中有着相同（或者近乎相同）的价值，否则世界上最出色者的子女，无论选择哪种专业，都将有能力获得更多训练与支持。（正
因此，任何不同时关注这一点的“机会平等”，基本上都是 60
不可能实现的：需要设法确保无论人们对该机会把握得如何，都能过上美好的生活。早先的赢家总是会为其子女提供更多机会。[40]）于是，与直觉相反，对最卓越的追求以及相应的奖励，事实上并不会赐予我们最出色的人物，而只会带来一套扭曲的制度。在这套制度下，出于并非一定源自自身努力的原因，少数人获得了过多嘉奖，大多数人巨大且富有启发意义的才华，却被埋没了。

对卓越的追求与嘉奖，不仅无法实现自己的承诺，还会给人们造成实实在在的心理伤害。在过去数年间，一项又一项元分析（meta-analysis）表明，完美主义倾向会导致心理困

境。[41] 近来，两名心理学家对研究结果作出了如下总结："无论是通过打分或指标，还是通过他人的肯定，完美主义者都需要得知，他们取得了可能的最好结果。当这一需求未被满足时，他们的心理就会陷入动荡，因为他们将错误及失败等同于内在的脆弱及无价值。"[42] 这会导致倦怠、焦虑、抑郁以及饮食功能失调等问题的激增。[43] 和大多数心理及社会现象一样，不同种族、阶层以及性别群体对这种压力的感受也存在很大差异。[44] 因此，正如我在本章末尾将更加详细讨论的那样，没有哪种单一的应对方式，能够扭转完美主义浪潮，及其淹没我们足够好的自我这一倾向。

尽管如此，凭借这些普遍适用的见解，我们还是可以勾勒出一套将改变我们志向的制度。我们需要的不是贵族伦理学，甚至不是德行高尚的贵族伦理学，也不是鼓励我们为提升个人在竞争性等级秩序中的地位而奋斗的哲学，而是鼓励我们提升无论哪种才能，以合作的方式令物质资源及社会资源更加丰富的哲学。我们的目标将不再是实现个人成就，也
61 不是令世界变得完美，而是要创造一个人人都能享有的足够好的世界。在这样的世界里，我们在所难免的不完美将得到理解，并被努力克服，而不会被视作无可救药的缺点。于是，在我们创造出了足够好的世界之后，我们的志向将是维持这一世界，延续其动态机制。我们可以通过这几种方式实现并发展这一足够好的世界：

（1）保证优秀的人物占据适当的位置。我们不会放弃天才或专业知识。我们只是试图超越这样一种在寻找最出色人

物的过程中，败坏了整个社会秩序的制度。

（2）承认那些受到额外关注与赞扬的人物其优秀仅仅是——也只可能是——有限度的；如果运气或境遇有所不同，许多其他人也本可占据他们的位置。因此，我们不会用过多金钱或声望来奖励他们。从砍伐树木、开采矿产以制造长笛的人士，到打扫音乐厅的清洁工，对于任何使得足够好的世界成为可能的人物，我们都会以恰当的方式予以认可，并保障他们过上高品质的生活。

（3）像亚里士多德那样承认，美德是一种可以传授的习惯。我们仍将给予所有不身处领导岗位之人以尊重，并认可其价值。这不仅是作为人类，更是作为在不同境遇下也可能升至高位之人所应得的。

结果就是，摆脱了成为最出色者的压力，人们将能够以
史无前例的方式追求实现自己的热情与才华。我们还将减轻
我们的焦虑感，化解过度嘉奖导致的社会怨恨与妒忌，并弥 62
合不平等对社会肌理造成的损伤。这还有可能促使专业知识
更受尊重，因为专家将被视作为了公共利益孜孜不倦地追求
知识之人，而不是脱离民众的精英中的一员。此外，我们固
然可能怀念曾拥有最出色的领导人或长笛演奏者，但我们几
乎可以确定，再也不必屈从于最糟糕的领导人的心血来
潮了。

唯才是用？不；拔尖？也许

以这种方式对世界加以重新想象，并不意味着要抛弃美德伦理学，而只是意味着要取其精华（美德是可以传授的这一创见），去其糟粕（其贵族制倾向）。在这一方面，桑德尔最近的作品描述得格外有力。他通过对唯才是用的批判，进一步重新发展了美德伦理学。在另一名当代公共哲学家夸梅·安东尼·阿皮亚（Kwame Anthony Appiah）某些相似的作品中，我们也能看到这一点。截至目前，我们对美德伦理学的分析已证明了，我们为何同时需要将地位经济与物质经济牢记在心，以及为何仅仅关注我们生活中某个领域（即经济）里对拔尖的追求并不足够。对唯才是用的批判，尤其是桑德尔的批判，进一步推动了对追求伟大/拔尖的普遍批判，并且要求我们考虑这一问题：痴迷于找出最具才华的少数人，这种观念是如何导致我们的个人生活与政治生活支离破碎的。对这些当代哲学家写下的内容加以仔细审视是值得的，因为这有助于我们理解任何一种追求伟大/拔尖的制度的局限性，尽管在我看来，他们提出的某些论点依旧落入了追求伟大/拔尖这一窠臼。因此，对于他们的论点，我将给出某些批判性的意见，但我评论的意图却在于，试着以其盟友的身份对其哲学思想向唯才是用构成的挑战加以彻底的思考。桑德尔和阿皮亚发现了对攀升至顶端者予以嘉奖这一唯
63 才是用式逻辑的严重缺陷，然而他们似乎也承认，成功故事

中某些偶然的运气因素是不可避免的。

桑德尔的《才能的暴政》（*The Tyranny of Merit*, 2020）一书对唯才是用制为何不仅无法完成自己声称的使命，也无法实现它们主张的公正理念，进行了持久的探讨。这本书与我在此讨论的内容非常契合。桑德尔很擅长与公众对话，因此对于唯才是用的理念非常宽容，认为这一理念相当有道理。他认可这一显而易见的事实：我们应该聘用胜任这份工作的人，而不只是像那句美国谚语所说的，“给每个人都发个奖杯”。他也认可其道德逻辑：支持唯才是用制的论点认为，每个人都应该能够自由地追求实现其才华；通过这种追求，无论收获了怎样的奖励，都是正当的。

然而，桑德尔的论点在于，唯才是用制的缺陷并非简单地基于这一事实：不平等使得这种制度难以实现。他声称，唯才是用制并非一条反对不平等的论据，而是对不平等的辩护：如果人人都有展示自己才华的公平机会，那么由最具才华者收获最多奖励，看上去就再合理不过了。桑德尔怀疑这种辩护本身是否合理，也就是说，致力于建立不平等的财富与权力机制的社会本身是否具有合法性。他认为，这样的社会是建立在将才华与努力的道德价值混为一谈这一基础之上的。才华源自遗传时的运气。努力固然也值得尊敬，但倘若不先在遗传时交上好运，光有努力也是不够的。他进一步提出，付出努力这一能力的根源，既是天生的，也是养成的；因此，付出努力的能力取决于不是一种，而是两种形式的好运。

正如我在前文中指出的，弗雷德·赫希有关地位经济的
64 观点与亚里士多德有关“荣耀的不平等”的论述有某些相似之处。桑德尔同时受到亚里士多德和赫希的影响，他对于在物质经济和地位经济两方面都造成了严重不平等的社会将遭遇些什么，感到忧心忡忡。这些“被以才能的名义予以捍卫的财富与敬意的不平等……助长了仇恨，毒害了我们的政治，导致我们分崩离析”。[45] 这意味着，要想纠正我们当前的制度，就不仅需要关注“分配正义”，还需要关注桑德尔遵循其他人的做法所称的“贡献正义”（contributive justice）。[46] 作为人类的我们，仅仅满足自己的物质需求是不够的。我们还需要能够以有意义的方式为世界作出贡献，在我们生存的各个领域都发出受到认可的声音。在桑德尔看来，实现贡献正义将促成“一种普遍平等的状态，这将使得那些未挣得巨额财富或是获得崇高地位的人过上美好和有尊严的生活——在工作中开发并运用自己的能力，为自己赢得社会的尊重；参与某种具有广泛发散性的学习文化；并与同胞就公共事务展开深入探讨”。[47]

我非常欣赏桑德尔的作品，以及他提出的有关以公共利益为导向的正义社会的愿景。正如我在第四章中将加以讨论的，我尤其赞同他的这一建议：通过盲选入学的方式来消除考上大学的高贵感及其引发的狂热。但我仍有某些保留意见：桑德尔只是专注于唯才是用制本身，并未更为广泛地关注追求伟大这一制度，这种做法恐怕并未触及我们当下的太多问题。比如说，桑德尔的关注点几乎完全在于美国以及如

何促进美国公民的共同利益。目前尚不清楚，这样一种专注
于一国的制度，倘若还必须争取在国际上的主导地位的话，
要如何才能将自身维持下去。如果人们仅仅在国内层面上废
除为唯才是用制正名的理由，就会面临它将通过国际竞争卷
土重来的风险。与此类似，当追求伟大这一问题触及我们自 65
然界的极限时，桑德尔也未对其加以应对。因此，尽管桑德
尔属于政治上的左翼，但他愿意支持——虽说不太热情——
保守派经济学家奥伦·卡斯（Oren Cass）提出的“生产主
义”（productivist）主张。卡斯和桑德尔一样，也对我们仅仅
将自己当作消费者而非生产者——也就是为经济作出贡献
者——感到担忧。不过，桑德尔回避了这样的问题：卡斯既
反对移民，在很大程度上对生态破坏也漠不关心。[48]

最后，正如我曾一再表示的，桑德尔使用“伟大”一词并无不妥。但在他看来，依旧“拥有巨额财富或崇高地位”的人与公共利益之间究竟是怎样一种关系，我们并不清楚。如果全部担忧就在于，财富与威望的集中会破坏分配正义与贡献正义，那么我们如何才能将“巨额财富”的继续存在与桑德尔在同一个句子中敦促实现的“普遍平等的状态”调和起来呢？[49]

在桑德尔看来，答案似乎在于依靠人们意识到这一点：他们配不上在生活中占据的有利地位，这种地位源自恩赐或好运。正如该书的最后一句话所言：“对于我们命运之偶然性的鲜活感知，有助于激发一定的谦卑感……这种谦卑感是远离残酷的成功伦理学之路的起点。正是这种成功伦理学导

致我们分崩离析。它指向的是超越才能的暴政之外，一种仇恨更少、宽容更多的公共生活。”[50] 我非常赞赏这种情绪。但需要指出的是，桑德尔批评的是成功伦理学，而不是成功的标准。而且很难想象，当我们认识到了成功的武断性之后，人们如何就会愿意说出这番话：“好吧，我知道享有巨额财富或崇高地位的人本可能是我，然而并非出于特别合理的原因，你却成了那个人。但既然你认可了我的尊严，我也
66 过上了虽不激动人心，倒也可以维持下去的生活，而且你也赞赏我对于公共事务的看法，那就别再担心了。”

我们需要的不只是承认偶然性。我们需要一系列实实在在的实践，以保障分配正义与贡献正义；还需要一系列相应的个人志向，以指引我们创造出这样的世界。这意味着，对自己的成功感到谦逊固然很好，但这还不足够。成功本身务必应该意味着帮助创造一个能够保障所有人过上美好与充足生活的世界。创造一个足够好的世界，而不是追求个人财富或权力，应成为我们规范性地平线的目标。我不认为在这个如此重视财富与权力的世界上，改变我们的欲望是容易做到的。我也不认为我们应该苛求自己永不幻想享有伟大人物的舒适与权力。但我的确认为，指引我们许下新的志向，有助于我们摆脱这些欲望，并将精力转而用于创造一个为了所有人的足够好的世界。我们个人的转变与社会的转变必须齐头并进。

对于专注于使人们欣然接受谦卑感这种做法，我的担忧还在于，在承认受到好运眷顾与实实在在改变不公的状态之

间，并不存在必然联系。在此可以以夸梅·安东尼·阿皮亚近来对唯才是用制的批判为例。阿皮亚推进了与桑德尔非常相似的一种论证，尽管他更多关注的是迈克尔·杨有关怎样的生活才具有价值的理念，而不是经济与政治问题。回想一下，迈克尔·杨曾主张，人人都拥有平等的机会，不是为了证明自己的才智，而是为了开发自己身上无论哪种深刻的、有意义的品质。他写道，这将是一个“价值多元”的世界，在那里友善将和才智同样重要。[51] 阿皮亚指出，这种人生观听上去或许是“异想天开的”，但他认为它为“伦理学
的中心任务”给出了答案。他的意思是，这种人生观回答 67
了怎样的人生才算出色这一问题。他表示，出色的人生位于你生来就具备的才华、你成长时所处的历史境遇，以及你就哪些事情所做重要决定的交汇处。[52] 由于这些因素中的每一个都如此独特，这也就意味着，对于某人的生活有多出色，不可能存在普遍的衡量标准。用阿皮亚的话来说就是，“不存在衡量人类价值的单一尺度”。[53]

和桑德尔一样，阿皮亚也认可才能这一基本理念，以及其促进平等的潜力。例如他指出，在一个由才能推动的社会里，我们当然会发现，某些原本为特定身份之人保留的工作将向有资质者普遍开放。[54] 不过他同样指出，才能的含义并非总是如此明确：“要想成就下一个爱因斯坦，你就需要知道，需要具备何种才华，才可能在物理学中实现下一个伟大的突破。但如果我们知道了这一点，我们也就不再需要下一个爱因斯坦了。”[55]

在承认所有这些复杂性的世界里，“巨额财富或崇高地位”并不会不复存在，只不过这种地位不再构成美好生活的必要条件。“财富与荣耀等社会奖励不可避免地会被以不平等的方式分享，因为只有通过这种方式，它们才能发挥激励人类行为的作用。”但阿皮亚坚持认为，错失奖励之人，其基本的人类尊严，仍值得受到认可。不过，阿皮亚不像桑德尔那样在意政治或经济不平等。他继续写道：“目标不在于消除等级次序，将每一座高山都夷为盐碱滩……社会敬意的流动永远会有利于更出色的小说家、更重要的数学家、更精明的商人……不过，为了实现‘道德平等’，我们在如何贴标签、确立怎样的规范，以及如何处置各种行为等方面，依然亟须作出改进。”[56]

68 阿皮亚的论证始于有关唯才是用式社会出了哪些问题的观点。他的立场本质上与桑德尔是一致的。然而，他并未对政治与经济不平等方面的真正问题加以讨论。事实上，尽管这些不平等带有偶然性，但他在很大程度上认为，不平等不仅是不可避免的，而且就应该如此。再一次地，要发现主张唯才是用这一论点的问题，我们就不能仅仅找出唯才是用制的问题。我们还必须说明，认为陡峭的等级次序之存在是具有合理性与正当性的——哪怕我们知道，如阿皮亚所言，这些等级次序在很大程度上是各种境遇的产物——这样一种人生愿景的问题何在。

阿皮亚的论证建立在三条假定的基础之上。这三条假定流传甚广，因此值得对其加以细致的审视。第一条假定是，他声称为了激励人类的行为，奖励的不平等是必要的。阿皮亚可能认为，我们需要某种非常有限的不平等，以形成这样一种激励机制。果真如此，我将欣然表示赞同。然而，剩下那些评论的内容却表明，阿皮亚对这种不平等的限度并不在意。不管怎样，都值得停下来对有关激励机制的这种说法考究一番。阿皮亚在此表达出了一种常见的信念：不平等的奖励会激励人们追求卓越。但他并未阐述更多细节。对于许多人而言，这种说法似乎并不需要太多证据。假如结果就是我不会从中获得任何好处，那么我每天早上起床后为什么还要努力完成一本书的写作呢？然而阿皮亚本人通过引用迈克尔·杨的话，对这一问题作出了回答：在阿皮亚似乎支持的那种社会秩序下，我们将为了某些事情本身，而不是为了财富与权力等激励因素，去做这些事情。阿皮亚似乎认为，财富与荣耀应当是不平等的，否则它们就发挥不了激励作用。然而，如果行为本身就能够产生激励，那么就不清楚为何激励机制还具有重要性了。

这听上去或许有些过于乌托邦了。在我看来，认为我们
会因为自己的行为获得少许奖励，是合理的。这种奖励可能 69
是少许额外的认可或金钱，只要类似于持续累进税制度能够避免财富集中在过少的人手中。但如果情况就是如此，那么我们应该为怎样的行为提供激励呢？我们可能想要给予与我们在引言中曾提及的清洁工“小丑D”类似的工作者，或是照料老人者额外的敬意或奖励。我们还可能注意到，真正激励着人们去做某些事情的因素，并不只是荣耀或者财富：人

们做这些事情，是因为正如阿皮亚坚持认为的那样，价值是多元的。我们之所以从事清洁工作，可能是因为我们认为这是一项重要的市政服务，而不是因为我们能够获得更高的报酬。当然前提是我们能因此获得足够多的收入。

阿皮亚有关激励逻辑的说法，之所以令我感到困惑，原因就在于此。一方面，他认为我们应该通过赐予荣耀及奖励的方式来激励人们。另一方面，他又认为我们应该确保人人都有尊严，无论他们在传统意义上成功与否。然而，这两种说法难道不是会削弱彼此的说服力吗？如果我们明确地告诉人们，他们是社会敬意与奖励这一制度下的失败者，那么我们又该以什么为根据保障其尊严呢？阿皮亚主张道德平等，这是正确的。但要实现这一点，我们似乎就必须更加关注遭到他忽视的物质与地位平等问题。

阿皮亚的第二个假定是，社会敬意“总是”会被给予任何专业中“更出色的”人物。我在关于长笛演奏者的讨论中已说明了为什么情况显然并非如此，以及为什么许多“更出色的”人物事实上会在这一过程中遭到埋没。这里值得再次引用唐纳德·贾斯蒂斯关于写作成就的评论：“某些优秀的作家遭到了遗忘，个中原因或许有些道理。但无论具体原因如何，它们终归是说不清、道不明的。当声名法则作用于一
70 片混沌之时，总是会带有一定随机性。”[57] 更具才华者会获得更多尊重——情况并非如此。事实上，我确信此时正在阅读这些内容的任何人，都可以滔滔不绝地说出一长串名字，与他们熟识之人相比，这些人之所以更受尊重，并不是出于

多么合理的原因。有些人之所以更受关注，可能是因为他们享有权力或特权。或者正如政治理论家就选举政治所指出的，某些人之所以能够赢得选举，可能只不过是因为他们身材更高、更具魅力[58]（这二者与制定出色的政策都没有太大关系）。与其不断为同一拨人奉上相同的溢美之词，我们更应该承认有才华的个人常常无法受到认可，并想方设法将这一事实纳入我们的社会与经济制度之中。

但这并不意味着，像阿皮亚在他的第三个假定中所说的那样，等级制奖励制度的对立物是一片贫瘠的“盐碱滩”。社会中可以存在某些差别。问题不在于消除所有差别，而在于对其加以限制，因为——将桑德尔与阿皮亚的逻辑加以延伸——我们意识到，在关注度和地位财有限的世界里，哪些人会受到认可、哪些人不会，存在着一定武断性。这样一来，合乎逻辑的结论就是，将我们自己的志向从成为获得尊敬或攀登上任何等级次序顶端的少数人物之一，转变为成为以有意义的方式参与建设为了所有人的足够好生活的人士。如果我们在这方面做得出色，那么我们或许配得上些许认可，但不必过多。要想发现这样做的前景如何，我们不必定睛望向遥远的未来，只要打开电视机便足矣。

超越拔尖的美德

从2016年到2020年，电视剧《善地》为观众提供了少有的机会，令其得以瞥见，当哲学家与喜剧作家共同思考这

71 一问题时，会发生怎样的情况：倘若我们超越了对拔尖的追求，那么世界可能变成怎样。（如果您还未收看过该剧，而且不希望被剧透，请跳过这部分内容。要是这样做就更好了：暂停阅读本书，先看看这部电视剧吧——该剧真是既深刻又有趣。）该剧讲述了相信自己在死后进入了“善地”的四人的故事：埃莉诺、奇迪、塔哈妮和贾森。最后他们才发现，自己其实并未进入“善地”，而是来到了由恶魔迈克尔设计的处于实验阶段的“恶地”。其目标在于让这四人在精神而非肉体上相互折磨，因为他们全都是令人十分恼火的人物。

核心角色是埃莉诺。我们从一开始就知道，她“并不属于”善地。她被说服相信自己是“被弄错了的埃莉诺”，本应被送往恶地。另一名主角奇迪是一名道德哲学教授。乍看起来他很完美，但他无法作出决定——因为他总想作出最好的决定——这使他成了不好相处的人。埃莉诺希望，如果自己能够向奇迪学习如何做个好人，或许就可以留在善地。奇迪提出要给她上道德哲学课。最后，塔哈妮和贾森也加入了奇迪的课堂。经过一系列跌宕起伏的情节，迈克尔也加入了四人的行列，以对抗其他恶魔。

当他们得知做个好人意味着什么后，他们便超越了埃莉诺最初关注的目标：学习如何变得好到足以留在善地。他们意识到，将人类区分为好与坏、赢家与输家、有价值者与无价值者的整套制度，是对人类生活潜能与价值的根本误解。他们一道发起了反抗天堂和地狱的叛乱，并创造出了一套新的制度：在这里不再有善地或恶地，而只是存在着一系列源源不断的通过道德学习令自己变得更好的机会。每个人都能获得不断提升自我的机会与支持，无论他们曾失败过多少次。一旦他们实现了自己的全部潜能，他们就将搬迁至曾经 72
的善地。在这里，他们想要多少时间，就有多少时间，以追求多种多样的志趣。社交名媛塔哈妮学会了多种手工劳动；派对女王埃莉诺继续着哲学学业。善地不再是一种奖励，而是惠及所有人的时间礼物。用奇迪的话来说就是，“这甚至不是一个地方，真的。这只是拥有足够多的时间，并和你爱的人待在一起”。这里是美好的，而且提供了充足，但这仍然与完美或没有止境的永恒极乐无关。事实上，当他们终于来到最初的善地时，他们发现那里的每个人都很难受，因为善地的每时每刻都过于美好了。他们意识到，要想令善地变得有意义，就需要施加一定的限度。如果某人拥有充足的时间，便可以穿越一扇特殊的大门，走到存在之外。令善地变得特殊的，令其足够但又不至于过多的，正是这一点：如今它也有了终点。

要想充分领会该剧传递的信息，我们就必须理解这一非凡的设定：四个有着严重缺点的人和一个看似无可救药的恶魔推翻并极大地改善了来世的整套评判制度。这部剧认为，与其根据人们已经做了什么来对其加以评判，不如以富有创造力和教育意义的方式鼓励人们在将来完善自我，这更有助于改善我们所有人的状况。（显然，这并非仅仅关于来世。）四位主角之所以这样做，并不是因为他们是最佳人选或仅有的人选。剧中从未提及这四名笨手笨脚的主角将成为人类的救世主。他们之所以这样做，是因为他们以合作的方式完善了彼此，并改善了自己的生活。就连道德哲学家奇迪也必须学会停止尝试作出最好的决定。这一角色的重要之处不在于他是理想的化身，而在于他鼓励所有人一同学习如何完善自
73 我。通过这样做，他播撒下了种子：生活不应是一场评判谁最出色、谁最糟糕的游戏，而应该使得所有人一道努力实现自己的全部潜能。既然我们都生活在同一个共享的系统里，那么当这个系统为了我们所有人运转之时，也就是其发挥最大作用之时。

或许令人吃惊的是，该剧的重要灵感来源之一竟是亚里士多德。在这部剧剧终时，主创迈克尔·舒尔（Michael Schur）在接受采访时被问到，对于美好生活这一问题，编剧是否能够给出答案。舒尔先是打趣道："是的，好好过它。"接着他继续说道："我不知道我们是否能给出答案，但是电视剧已经表明了立场。这一立场接近于亚里士多德的美德伦理学。"他进一步解释道："因为你们注定是要失败的，重要的就不是你把任何事情都做对，而是你要去尝试。当你犯了错，就道个歉，然后尝试做些别的。这部剧告诉我们，活着的真正胜利就在于，把这些事情置于优先地位，并永远尝试变得比前一天更好。"[59] 正如我曾提出的，这并非最初版本的亚里士多德美德伦理学。原版的亚里士多德美德伦理学的内容其实是少数人能够成就其渴望的卓越。但和任何其他思想体系一样，亚里士多德的美德伦理学也可以演化并变得现

代化。没有等级次序的美德伦理学是可以存在的。这一思想体系将承认我们的失败，并强调这一点：由于我们的个人局限或历史条件，我们不仅理应获得完善自我的机会，为了完善自我，还理应能够受到教育和获得关爱。

某些版本的美德伦理学会将我们引入某种“下渗”美德文化。这些美德伦理学假定，通过确保我们拥有最出色的领导人、教师和音乐家，我们所有人便都能从其发明创造和理念中获益。然而《善地》揭露了这一点：对于善地之外的所有人而言，这种制度其实都是折磨。它创造出了掌握着无穷
资源的少数精英，其他人则必须挣扎求生，日复一日地折磨 74
彼此。我们固然可能享受并赞赏精英片刻的创造性与创见，但我们也不得不因为感到自己不属于最出色者的一员，因为试图把自己塞进被过去的贵族视为卓越之标准的箱子里，因为在美德伦理学本应克服的不公正的经济制度下苦苦挣扎，而忍受持续不断的压力与失落感。足够好的美德伦理学则能够为我们提供更美妙、更有价值的东西：在这里，追求完美引发的焦虑情绪不复存在，但为实现我们的才华而追求实现才华的乐趣却能被满足；贵族的要求被废除了，但新的创造力却蓬勃涌现；人人都能过上美好的生活，无论他们生来具有怎样的天赋或神赐才华。

世界已经是的样子

或许这样的世界听上去一方面美好得不像是真的，另一

方面又仿佛会从我们身上夺去太多东西。我认为，之所以这听上去美好得不像是真的，只不过是因为我们还未曾尝试过创造这一世界。但我们未曾尝试，是否是出于合理的理由呢？这一宛如“善地”的世界是否忽视了这一基本事实：有些人就是要更具才华？和我现在的水平、能够达到的水平或曾可能达到的水平相比，勒布朗·詹姆斯的篮球技艺都要高得多。在职业道德和教练体系允许他发挥这些天赋的同时，不奖励他的天赋道理何在？谁又会愿意生活在一个我们无从欣赏如此卓越表现的世界里？[60]

努力磨炼自己的技艺，或是不断尝试开发自己的才华，这些做法毫无问题。我反对的是这样一个世界：在这里，我
75 们的福祉取决于是否具备某种特殊才华。当前世界中伟大导向的支持者可能欣然同意，但尚未证明的一点是：他们的世界，这个少数亿万富翁拥有的财产比数十亿人还要多的世界，有可能满足所有人的需要，无论他们的才华如何。事实上，我们当前的制度对价值的分配是如此狭隘，以至于在2020年年初新冠疫情刚刚暴发之时，哪怕是获得进行病毒检测的机会，都需要具备一定名气，尽管薪酬过低的护士、老年护工以及快递员等“必要劳动者”才是真正的英雄。[61]如果我们相信，登上特定领域等级次序的顶端才是通往美德之路，那么我们就不可避免地会扼杀自己在其他领域发现价值与卓越的能力。在足够好的美德伦理学体系里，我们关注的不再是特定领域或实践中的卓越表现，而是要去理解各种实践之间的关联性。勒布朗·詹姆斯能够做到他所做的事

情，是因为有这么一群人：清洁工，食品柜台服务员，养殖、耕种并生产柜台所售食物的人，教练以及场馆建筑工，更不必说还有修建、运营并维护使人们得以前往球场观赛的公路及其他交通设施的人。足够好的生活完全不是要扼杀詹姆斯这种人的才华，而是要将天才视作以有意义的方式联系在一起的世界中的一环，要认可使得才华得以施展的所有人。

对于这一问题，最为雄辩的发言人之一莫过于詹姆斯本人。在名为“勒布朗：出身”（LeBron：Beginnings）的著名电视广告中，詹姆斯激烈地驳斥了这样一种观念：克服种种糟糕的环境，去取得成功，这就是人生的定义。由单身母亲抚养、在俄亥俄州阿克伦市一所公共住房里长大的詹姆斯，一开始似乎是在重复老生常谈的“美国梦”：“我们总是听说，某名运动员出身卑微，他们如何从贫穷或悲惨中走出，逆流 76
而上。他们被认为演绎了通过决心实现美国梦的故事，他们被认为演绎了让你以为这些人很特别的故事。”突然，詹姆斯话锋一转，对整个社会秩序提出了质疑：“但是，你知道什么才算得上是真正的特别吗？那就是不再有卑微的出身。”重点不在于从贫穷中走出，向上攀升，而在于终结贫穷。詹姆斯的所作所为并非都与这一愿景相一致。他为之代言的耐克公司，在创造更为公正的世界方面，表现也算不上优异。[62] 但尽管如此，这仍是一番强有力的言论，致力于改变定义了美国文化的某些价值观。

这番话是对这一观念强有力的回应：创造足够好的生

活，将使过去的牺牲与成功失去光彩。像詹姆斯一样克服重重困境才攀升到顶端之人配得上声声喝彩，但并未成功攀升者同样如此。毕竟，詹姆斯本人也可能成为后者中的一员。我们不知道，有多少詹姆斯级别的天才因为未获得足够的机会而遭到埋没。同样地，我们也不知道，即使获得了机会，又有多少这样的天才会因为人生中可能发生的其他波折，或因为他们并未意识到自己具有特殊天赋，直到为时已晚。又或者因为这一简单的事实——用弗雷德·赫希的话来说就是，增长有着社会方面的极限；即有才华者的数量，总是比职位的数量更多——而无法得到认可。关键不在于机会，正如詹姆斯所言，在于确保不再有卑微的出身，确保人人都能过上足够好的生活，无论他们是否因天赋异禀而得到了认可。

要创造这样的世界，也就是要认识到，那些常常被单独挑出、奉为伟大的人物，是更广阔的各种制度的产物。在一
77 篇精彩的研究总结中，经济学家玛丽安娜·马祖卡托（Mariana Mazzucato）证明了，若没有数十年的公共投资，苹果手机的全部部件——多点触屏、微型硬盘驱动器、全球卫星定位系统、语音助理，以及其他九项技术——都不可能存在。[63] 史蒂夫·乔布斯以及苹果公司的其他人所做的，就是抓住这些技术，以对消费者友好、有着顺滑外观的方式将其整合起来。这一成就绝非微不足道，但若无全社会的参与，这是不可能实现的。与其后悔没有早早投资苹果公司，不如记住，你早就为其投资了，只是没有获得任何回报

而已。

美德伦理学试图通过在各个领域之间筑起篱笆，同时继续允许在各领域内部争个高下，来解决经济价值主宰一切这一新自由主义问题。但这一做法并未触及全部问题。追求伟大这一制度的太多内容，以及为求回报而无休止地追求卓越这一现象，依旧安然无恙。该问题恰好发生于经济领域，并且在新自由主义时代外溢到了其他领域，这一点只是次要的。假如在这个世界上，哲学王（或者迈克尔·杨笔下的智商王）没有钱，但拥有掌控其他人生活的无穷权力，那么我们的境遇也不会有任何改善。沃尔泽将“篱笆筑得好，邻居才能处得好”这句老话改编成了“篱笆筑得好，社会才能好”。然而，篱笆筑得好并不会使邻居处得好。邻里关系好不好，取决于他们是否尊重彼此，是否承认彼此之间根本的相互依赖性。当邻居家失火时，篱笆筑得好对你可没什么好处，只会令火势愈演愈烈。

然而，就我们的志向而言，取消了等级次序的美德伦理学却能为我们提供深刻的教益。它鼓励我们成为参与这一共同努力的足够好的成员：尝试将美好与充足带给所有人。正是通过“改变制度”展开这一工作，我们才能为自己实现这一目标。这是一种动态关系。我们改变了自己的志向，从追 78
求自身的完美转而追求令所有人都变得足够好。这样一来，我们也使得自己能够变得足够好了。从《善地》剧始到剧终，埃莉诺学到的正是这一点。光是改变自己的道德习惯还不够，还需要改变周围的世界，使得这些习惯能够找到其安身之处。于是，这种美德伦理学的目标便不在于创造出相互分离的各种领域，独自在其中追求卓越；而在于共同努力建设相互依赖的、在物质上和精神上都充足的各种制度。

不保证您满意

为克服经济学的过度扩张，美德伦理学选择扩大追求卓越的范围。当下流行的其他思想流派则致力于令我们的欲望远离成功的外在形式。瑜伽和冥想等常常被认为是与“东方”宗教——所谓的基本方向当然是相对于你所处的地点而言的——联系在一起的技巧，其受欢迎程度正在飞速蹿升。例如在美国，2012 年至 2018 年，报告称自己在进行冥想的人数增加了两倍，而练习瑜伽者的数量则增加了一倍。总人口中约有 10%，即 3500 万人，报告称自己在冥想、做瑜伽，或二者兼而有之。[64] 这种情况不只发生在美国。如今我们知道的那些流行的冥想与瑜伽形式，大多是印度教与佛教历史上传播范围有限的行为。直到 19 世纪末，其绝大多数践行者仍是致力于完善宗教洞察力的僧侣或苦行者。只是在应对现代科技的发展以及欧洲殖民势力的过程中，这些技巧才流传到了平教徒中间。随着寺院被摧毁，传统被当成落后事
79 物遭到奚落，以及外国统治的加强，这些苦行行为便成为将这些教义保存在公众身体里的手段。这也使得这些行为被当作应对过度物质主义以及冷漠的理性态度等问题之道，并被加以宣扬。[65]

乍看之下，如今我们在这类行为中发现的，正是主张追求卓越的美德伦理学的对立物。据说，冥想是为了与自己的身体及呼吸产生联系，释放物质主义忧虑，减少欲望，并学会爱和欣赏自己以及他人。这种说法当然是正确的。但重要的是记住这一点：这些行为并非发生在其所处的更加宏大的文化轨道之外。正如在反殖民时代，它们曾被赋予新的意义，被视作对英帝国的反抗一样，如今由于在以伟大为导向的文化内部派上了用场，它们又再度经历了转变。

例如，可以考虑一下马克·曼森在《“他娘的不在乎”这一微妙的艺术》一书中是如何看待这一问题的（不是要专门针对他，只是因为他是最为清晰地阐述了这种世界观的作家之一，因此可以被当作颇为有益的范例）。在第一章中，曼森引用了阿兰·沃茨（Alan Watts）的作品。这位英国人在20世纪中叶使一种佛教禅宗、印度教与道家思想的混合形式流行开来。沃茨是个魅力非凡的作家和演讲者，能够以清晰乃至令人震撼的方式表达复杂的思想。他的《不安的智慧》（*The Wisdom of Insecurity*, 1951）、《禅之道》（*The Way of Zen*, 1957）等作品属于我接触佛教与道家思想时阅读的第一批书籍。我是在上大学时阅读它们的，当时这些书对我的生活产生了深刻的影响。在沃茨看来，我们用来促进自我完善的策略大多数都会适得其反。例如，当我们感到不安时，就会假定克服这种情绪的最佳方式是通过获得自信与权力。但据沃茨所言，真正的应对之道应该是欣然接受我们的不安感，不要试着克服它。这样一来，我们反而会获得安全感。（这是

我希望高中时就能被告知的一长串道理之一。）沃茨将这种
80 做法称为“逆向努力法则”或“反向法则”。沃茨从基督教福音书里引用了这么一句话，作为主要的解释性引语：“凡要救自己灵魂的，必丧掉灵魂。”[66] 沃茨借此表明，这样一种态度既带有禅宗或道家思想色彩，也带有基督教色彩。

曼森是在回答读者提出的这一假设性问题时提起沃茨的：“我攒钱想要购买的雪佛兰卡玛洛轿车，我节食想要打造的海滩身材……我梦寐以求的湖边豪宅，这些该怎么办呢？”[67] 曼森的答复是，他并非真的要读者放弃任何此类追求。对沃茨而言，反向法则是为了获得心理安全感；对曼森而言，这却是一条通往物质成功的迂回道路。“你曾注意到这一点吗：越是不在意某个东西，就越容易得到它？注意到这种常见的情况没有：对于某种成就投入最少的人，反而实现了这一成就？”[68] 曼森足够聪明，他没有表示仅仅不在乎就能实现自己的欲望。他真的希望人们能够理解并欣赏失败。然而，这些失败最终又常常成为成功之母。因为我们失败了，因为我们对失败“他娘的不在乎”，我们终将成功。我倒是更想说，佛教教导我们要将失败本身当作一种价值；它教导我们的不是该如何在下一次取得成功，而是竞争制度下的成功本身就是有缺陷的，而且仅仅是衡量美好生活的指标之一。

不过，对沃茨等人物作出此番解读的，不只曼森一人。如今许多人都将“东方智慧”视作帮助自己在竞争市场上取得成功的一种手段。哲学家斯拉沃伊·齐泽克（Slavoj Žižek）

甚至走得如此之远，诊断出了他所谓的“道家伦理与全球资本主义精神”。[69] 在齐泽克看来，“对各种事情放手”这一整套想法总是会将我们重新推入曼森所处的那种空间之中。他追溯了“公司团体瑜伽”以及商界高管禅宗冥思隐修会等 81
活动的兴起过程。齐泽克愿意承认，或许某些佛教徒或道教徒在真诚地为社会正义而斗争，但他相信“逆向努力法则”等理念的基本哲学结构归根结底是为了给我们不断追求物质成功与个人成就的做法提供正名理由。在这一意义上，冥想并不是在反抗无休止的奋斗，而只不过是为通往同一目标开辟了一条焦虑程度较低的路径。

将这些问题仅仅归咎于资本主义、殖民主义和现代化，是不准确的。纵观历史，佛教徒和道教徒都和人类的其他群体一样，容易受到追求巨大财富和权力的诱惑。不过仅仅关注佛教与道家传统的这些方面，就会忽视许多我们可能从这两种思想中吸取的有关足够好的生活的经验。在此我将专注于讨论佛教，在下一章中再回过头来谈谈道家思想。

佛教哲学为理解我们的世界和生活如何才能以有意义的方式变得足够好，提供了某些基本见解。某些最早的佛教文献直接驳斥了这一亚里士多德式理念：只有少数精英才能过上高尚的生活。佛教、婆罗门教与种姓制度之间的关系十分复杂，在此我们不需要深入探究准确的历史细节。[70] 不过某些佛教经典文献显示，乔达摩·悉达多反对只有生为婆罗门（教士）种姓之人才能得救的观念。例如，在《阿娑罗延那经》（*Assalāyana Sutta*，日期不详，可能与亚里士多德处于同一时期[71]）中，几个婆罗门聚在一起，讨论“遁世的乔达摩”是否真的“描述过四个种姓都能获得清净”的教义。没人知道确切的答案。随后，其中一名名叫阿娑罗延那的婆罗门决定拜访佛陀本人，询问他是否真的传授过这一教
82 义。佛陀表示的确如此，并给出了这样做的一系列理由，包括：作为孩子，我们处于共同的状态之下；存在着其他不划分种姓的文化；对婆罗门的遗传学知识表示质疑；以及或许最为重要的，无论生来种姓是高是低，人们的行为都既可能是高尚的，也可能是卑鄙的，而只有其行为的品质才是重要的。于是，阿娑罗延那便成了佛陀的信徒。[72]

乔达摩为何要宣扬这种对于所有人的开放性？原因之一或许在于，这是他那相当独特的“dukkha”理论合乎逻辑的推论。“dukkha”是个巴利语词，通常会被翻译成“苦难”（suffering），但翻译成“不满足感”（unsatisfactoriness）可能更好一些。[73] 重点并不在于，我们生活的每时每刻都充满了苦难。事实上，把“dukkha”翻译为“苦难”，有时候会导致我们误以为佛教是毫无必要地悲观厌世的。而其实，佛教关于快乐之限度的思想是颇有创见的。

在各种哲学流派中，对于世界是否能为人类带来快乐的怀疑并不罕见。例如，亚里士多德甚至感到有必要坚持这一点：“感到快乐是有可能的。”但说出这番话后，他就不得不对某种显而易见却又出人意料的事实加以解释：快乐固然是可能的，但我们在生命中的大多数时候仍感到不快，甚至在从事本应令人感到快乐的活动时也是如此。在亚里士多德看

来，快乐是“完全”的；也就是说，快乐彻彻底底是自我包含的，不含有任何负面情绪。[74] 这种完全的感觉是某种能够令人感到快乐的活动的结果。所以，当我们沉浸在这种活动之中时，我们会感受到快乐。可见，我们之所以丧失了快乐感，这和快乐本身并无关系，而仅仅是因为我们无法每时每刻都从事这类活动。亚里士多德的理论预言了当下所谓的“回报递减”（diminishing returns）的逻辑：我们首次做某事或看到某物时，令我们感到快乐的，是这种活动刺激心灵所产生的新鲜感；当日后重复这种活动时，这种感觉会逐渐减弱。[75]

关于快乐，乔达摩有一套不同且有些激进的理论。他认 83
为，快乐本身是无法令人满足的：“有福之人……曾表示，感官快乐费时间，充满痛苦与绝望。”[76] 快乐充满了绝望？这究竟是什么意思？根据佛教那微妙的心理学观点，导致我们苦难的原因不在于快乐本身，而在于我们痴迷于快乐这一事实。于是每当我们产生美好的感觉——在佛教经典中，这些感觉是无所不包的，就连能够看见、听见、感觉到、闻到、尝到和思考也被包括在内——我们就会想要更多这种感觉。[77] 在佛教看来，生活有可能变得如此令人快乐，以至于将我们淹没。我们渴望它，对它上了瘾。因此快乐——抱歉了，亚里士多德——本身并不是完全的。每当我们感到快乐，我们就想要更多快乐。正因此，“dukkha”一词更应被翻译成“不满足感”。也正因此，这一思想对于追求拔尖的观念有着重要意义：哪怕在我们认为自己已经登上了顶端的时刻，不满足这一链式反应也不可避免地会被触发。如果我们痴迷于追求拔尖，我们就会不断试图产生并抓住一种我们终将无法维持的感觉。

现有证据（更不必提我们的亲身体验）显示，正确的是乔达摩的观点，而不是亚里士多德的。关于佛教的这一创见如何与自然选择的效果相一致，进化心理学家罗伯特·赖特（Robert Wright）写了一本引人入胜的书，《为什么佛教是对的》（*Why Buddhism Is True*，2017）。如果自然选择的目的在于令我们将自己的基因传播开来，那么就需要满足两个条件。首先，我们应该从维持生命以及繁衍后代所需要进行的活动中感到快乐。其次，这些活动应该令我们在事后产生些许不满足感，想要获得更多，从而使得我们将这些活动不断进行下去。[78] 我们之所以能生存下去，就依赖于追求满足，然
84 后又发现这无法令人满足。结果就是，我们成为这样一种生物：我们愚蠢地试图通过快乐来治愈苦难，而不是通过承认不可能彻底感到满足来达到这一目的。

赖特认为“佛教是对的”，不只是因为它认识到了这一基本问题，还因为它为我们提供了一种解决方案：正念冥想（mindfulness meditation）。在《大念处经》（*Mahāsatipaṭṭhāna Sutta*）中，佛陀阐述了导致苦难的原因及终结苦难的方法（这被称为“四念处”）。基本思想是：我们可以通过遵循一系列道德准则，进行一系列冥想活动，来克服自己的欲望。这些冥想始于一个简单的认知：人要吸气和呼气。随后，冥想者要按照一系列步骤进行呼吸，并在走路等日常行为中将其

保持下去。据说——在古典和现代这两种情境中，这一点似乎都相当奏效[79]——通过像这样专注于我们正在做的事情，而不是一连串思绪，我们就能活在当下，不再纠结于哀悼失去的快乐或是渴求未来的快乐。

在《大念处经》的结尾，佛陀似乎描绘了一种比我们知
道的快乐更为伟大的感觉："放弃了快乐与痛苦，随着先前
愉悦与悲伤的消失，他（冥想者）便进入并留在了第四禅那
（冥想的最高境界），超越了快乐与痛苦，因平静和正念而实
现了清净。"[80]第四禅那听上去真的比足够好的生活还要
好！事实上，在古典佛教中，人们似乎应该以无穷的毅力去
冥想和修行，以达到最终的完美状态：涅槃。而在现代佛教
中，沃茨等人为我们将这些思想世俗化了：在开悟的另一
面，是免除了焦虑、难以想象的极乐生活。以此类主张为核 85
心的内容，曾促使整整一代正念冥想者认为，只要冥想得足
够努力，佛教就能为其带来一段了不起的人生。

然而对佛教的这种理解脱离了其所处的广阔的救赎论背景。"巴利三藏"（Pali Canon）最重要的学术阐释者之一史蒂文·柯林斯（Steven Collins）曾屡次确认这一点：在佛教内部，个人事实上可以体验到非常美好的生活。但他也提醒道，佛教本质上不只是关于个人的，更是关于由相互联系的人们构成的整个系统的；这些人是由已围绕着宇宙不停旋转了数千年的各种力量与进程积聚形成的［这就是"业"（karma）的含义］。如果我是个成功的冥想者，并且减轻了我的个人苦难，那么这一切都很好。不过，"我"与整个轮

回是无法分割的，轮回塑造了我，并继续存在着。关键不只在于你我的苦难，更在于苦难本身：整个宇宙的苦难。这种苦难是无法终结的，因为假如它终结了，就将意味着不会再有更多生命了。因为生命本身就是推动着我们前进的不满足感的产物。世界总是存在着不满足的元素，哪怕由各种因素固结而成的我们个人能够避免它们的侵扰。因为世界就是如此。[81] 佛教要求我们以改善世界为志向，尽管世界永远无法被彻底改善。

回到我们一开始对佛教的讨论上来：正因此，对种姓制度的批判是与不满足感这一观念相关的。因为无论佛教徒是否一贯反对种姓制度，而且尽管他们有时候会在其组织内部建立起等级制度，就我所知而言，其经典文献终归对足够好
86 的生活作出了最为深刻的表述之一。生活中总是存在着某些不满足的元素。不满足感是无法消除的，但可以被缓解。而且既然我和你是相关联的，那么我帮助你克服你的负面情绪，就和我克服自己的负面情绪同样重要。此外，既然我们的负面情绪不只在于我们的个人感觉，还在于世界影响我们的方式，那么改善世界本身，确保它为人人提供美好与充足的生活，就是足够好的生活中必不可少的一部分了。这一版本的佛教的微妙艺术，不在于通过放弃我们的前端欲望，以绕道的方式将其实现；而在于意识到这一点：“即使这种情况将要发生”，我们也无法消除生活中不满足的元素。“他娘的不在乎”这一微妙的艺术只能帮我们这么多，因为它只对我们的个人心理状态有用，而这只是“我们是谁”这一问题

的小部分答案。关于应该为了什么而奋斗，我们需要另外一种微妙的艺术，一种以“他娘的在乎”的态度塑造足够好的世界的微妙艺术。

诞生于斗争中的哲学

亚里士多德是个贵族，乔达摩·悉达多是个王子，我出生在美国郊区一个充满爱意的中产阶级家庭里。如果一个人已经过上了美好的生活，思考足够好的生活似乎就会更容易一些。但对于在挣扎、贫穷、暴力、绝望中长大的人们而言，足够好的生活听上去难道不就像是某人在说：“我已经登上了顶峰，压力实在太大了，所以现在我知道其他人都不该经受这一切了。”作家贝尔·胡克斯（bell hooks）认为，对于她那样在美国南方贫穷、种族主义和父权制环境里长大的人来说，佛教听上去常常就是如此。在 1990 年代初接受 87
采访时，胡克斯提到有许多传教者在谈论佛教时，都显得其目标就在于放弃。她表示：“他们传达了这样的信息：这些教义是针对在物质上享有特权并全神贯注于自己舒适与否的那些人的。当其他黑人来我家时，他们会说：‘要放弃什么舒适啊？’”[82]

尽管如此，从越南僧侣释一行（Thich Nhat Hanh）等传教者那里，胡克斯还是发现了佛教修行的意义。释一行最早关于佛教的写作，是出于对美国入侵自己祖国的回应。释一行宣扬的是一种“入世佛教”（engaged Buddhism）。在他看来，佛教不是脱离现实的冥想，而是一种道德，是要怀着悲悯之心去减轻现代战争、政治与经济所造成的痛苦。这种现代佛教并非关于生活中无可避免的不满足感的永恒哲学，而是一种——借用非裔美国哲学家伦纳德·哈里斯（Leonard Harris）的话——“诞生于斗争中的哲学”。[83] 在生活中和写作中，胡克斯将释一行的理念与她自己对父权制、资本主义以及种族主义的批判结合了起来，形成了一种爱与在场（love and presence）的伦理学。这种伦理学帮助她在反对日常生活中伤害的斗争中找到了稳固的基础。她将佛教当作“创造一个人人都能过上充足和美好生活、人人都有归属感的世界”这一工作的部分内容。[84]

胡克斯是非裔美国哲学中对这一理想加以批判的悠久传统的一分子：成为腐化的美国社会中平等的一员。杜波依斯等著名非裔美国思想家请求美国黑人，不应加入追求过度的行列，而应成为另外一种斗争中的领军人物。杜波依斯认为，事实上，正是从在美国遭到了边缘化这一地位出发，他和其他人才能如此清晰地认识到改造美国社会的必要性。在 1926 年的全国有色人种协进会（NAACP）大会
88 上，他发表了据我所知措辞最为优美的对追求伟大的批判，以及对足够好的生活的愿景：

> 如果今晚，你突然将成为彻头彻尾的美国人；如果你的肤色褪去，或者芝加哥这儿的肤色障碍奇迹般地遭到了遗忘；再假如与此同时你变得既有钱又有权；那

> 么，你将希望做些什么？你将立刻追求些什么？你将购买动力最强劲的汽车，在整个库克郡（Cook County）跑个最快？你将在北岸购买最高档的房产？你将成为最高级别的扶轮社社员（Rotarian）、狮子会会员（Lion），或者其他类似的人物吗？你将穿上最华美的衣服，举办最奢华的晚宴，购买篇幅最长的新闻通报吗？
>
> 即使你实现了这些理想，你心里也知道，这些东西并不是你真正想要的。你要比普通美国白人更早意识到这一点，因为像我们这样在美国被推到一旁的人，不仅对这些俗艳、花哨的东西感到厌恶，还产生了关于世界可能变成什么样子的愿景：假如世界真的是美好的；假如我们具备真正的精神；假如我们拥有洞察之眼、灵巧之手、敏感之心；假如我们虽没有完美的幸福，但有许多辛勤的工作和生活中在所难免的苦难；还有牺牲与等待，等等。然而尽管如此，我们还是会生活在一个人们了解、创造、实现自我并享受生活的世界里。我们希望为自己以及为所有美国人创造的，正是这样一种世界。[85]

一名王子放弃了自己的特权，这绝不简单。但下述情形完全又是另一码事：杜波依斯这样的人被授予桌主之位，他却回复道："谢谢你，不了。桌子和桌主这一整套东西，正是最开始时的问题。"杜波依斯还要更进一步。他提出，被压迫的历史并未促使自己为成就伟大而奋斗，而是照亮了另 89

外那些价值观。他将对生活中悲剧不可避免的深刻理解，与对于某种富于创造性、相互关爱的回应方式的赞赏相结合，提出斗争的历史将成为通往“足够好的生活”之路。

当然，杜波依斯这样说，并不意味着他从未受到追求伟大的诱惑。而我们都会时不时地感受到这一诱惑。他对于“天才的十分之一”（the Talented Tenth）这一观念——或曰认为十分之一的黑人男性足以提振整个种族这一信念——的闪烁其词，就体现了这种诱惑。正如他在 1903 年所写下的：“和所有种族一样，黑人种族也将被其杰出的男子拯救。”[86]不过，在他生命中接下来的数十年间，杜波依斯开始感到，这一立场与他对为了所有人的足够好的生活的支持形成了反差。1948 年时，他发表了“修订版”的“天才的十分之一”演说，承认自己的思想曾受到贵族式精英主义的腐化。此时，他认为这种精英主义更可能造就与斗争现实脱节之人，而不能实实在在地提振其他人，促进其平等。尽管如此，他仍继续声称数世纪的压迫制约了许多有才华的青年的前景，他们压根没有获得适当的机会。他表示自己如今相信，非裔美国社会的主要任务在于建立全球联盟，这将促成政治状态的改变，使得所有人都可以“根据其天赋与训练去工作”。[87]领导这一联盟的，将是“引路的百分之一”，即由全世界范围内约三万名曾被殖民者组成的特别委员会。其目标将不在于追求自身的卓越，而在于促进全世界人民的福祉。[88]杜波依斯声称，摆脱了被压迫的状态之后，对等级次序顶端人物的依赖在某种程度上可能仍是必要的。

我在其他环境下也曾听到对这种想法意味深长的表述。比如说，有一次在就足够好的生活发表完公开演说之后，一 90
名黑人女性走到我跟前，说了大意如下的这番话：“对于你试图做的，我表示赞赏。但对于黑人而言，尤其是对于黑人女性而言，仅仅足够好是不够的。我们必须做到拔尖。”我很快就承认了这一点，但还是作出了现成的回应：“我不认为这只是白人的事情。在胡克斯、杜波依斯等人那里，我们都能发现这一点。在黑人思想中就存在这种资源……”她打断了我：“我不是在谈论黑人思想。我是在谈论每天早上作为一名黑人女性醒来。”然后，我除了表示自己会考虑这一问题之外，就不知道该如何回应了。

我信守着承诺，继续回想那一时刻。如今我甚至更加深刻地意识到，我的回应并不足够好。我试图给出答案，而不是倾听她在说些什么。我当时并不承认，当我仔细地倾听其他人的意见时，我的想法也是需要不断革新的。我本应提出更多问题。回想起来，我并不认为她是在宣扬将追求拔尖这一制度当作总体目标。相反，在我听来，她至少表达了两点意思：首先，在争取平等的斗争中，有时候是需要人们努力去掌握权力，以促成改变的（这是杜波依斯“引路的百分之一”这一理念的后父权版本）；其次，不必倾尽全力就能在社会中取得成功，这往往是白人的特权。与中上层的白人男性相比，黑人、原住民及有色人种（BI-POC）、跨性别者和非二元性别者、生活在极端贫穷中的所有人——无论种族与性别，以及残疾人，常常会面临更高的要求，收获的回报却更少。[89] 就美国黑人而言，塔-内希西·科茨（Ta-Nehisi Coates）曾强有力地指出这一点对正常人类生活造成的破坏："敦促非裔美国人变成超人——如果你关注的是塑造非凡的个人，那么这就是个很棒的建议；如果你
91 关注的是塑造公平的社会，那么这就是个糟糕的建议。黑人争取自由的斗争，不是要将一个种族提振为道德水平极高的超人，而是要让所有人都获得过上正常人类生活的权利。"[90] 换句话说，我不认为那名黑人女性是在捍卫等级制度：她是在试图让我明白，由于我在演讲中并未讨论种族主义，我粉碎追求伟大/拔尖这一制度的努力是不彻底的。

根据这种观点，希瑟·麦吉（Heather McGhee）在《我们的总和》（*The Sum of Us*，2021）一书中进行了出色的论证。她在书中用一个个事例证明，种族主义破坏了美国为其所有公民提供美好生活的能力。她的核心例子是公共游泳池。各城市曾争相建造愈发美观、精致的游泳池，据说其中某些泳池能够容纳多达 10 000 人。[91] 然而，在民权活动家提起诉讼，要求这些游泳池对各种族一视同仁之后，各城市纷纷将其关闭，而不是允许所有人都去游泳。如今，大多数美国人都忘记了或是不知道这件事，包括我在内——直到我读到了这本书。麦吉认为，这种赤裸裸的种族主义也会潜伏起来，愈发表现为对于公共物品的"色盲式"反对。她证明了，无法令所有人都过上美好与充足的生活，这常常是种族主义导致的结果。正如詹姆斯·鲍德温所言："白人获得解放需付

出的代价，乃是黑人的解放——是在城市中，在城镇中，在法律面前，在心灵之中的总体解放。”[92] 要实现这种解放，或许意味着：在不平等的世界中，遭到压迫、贬低、边缘化的人们，将感到不得不为了做到拔尖而奋斗，努力登上金字塔的顶端——这样做不是为了提振，而是为了生存。但正如科茨所言，这是一种压迫的状态，而非一种规范性目标。

虽然我们从诞生于斗争之中的足够好的哲学那里学到，压迫的状态有时候会迫使我们改变衡量个人奋斗的标准，但这些哲学也向我们提出了警告：不应允许改变后的标准过度背离足够好这一理想。这一教诲常常出自那些不得不对自认 92
为伟大的男性领袖人物作出回应的黑人女性作家之手。例如在 1886 年，安娜·朱莉亚·库珀（Anna Julia Cooper）就曾指出，著名的废奴主义者、作家马丁·德莱尼（Martin Delany）有时声称自己是其人民的代表，因此当他走进某个房间时，“整个黑人种族”也跟着他一同走了进去。库珀写道，这就如同表示，“通过指着沐浴在阳光中的山顶，我们便证明太阳神温暖了山谷”。如果我们想要了解某个种族的状况，我们就必须转向其普通的劳动群众：“此时，并且直到此时，整座高原才能被抬升至日光照耀之下。”她随后对德莱尼的话作出了著名的反驳：“只有黑人女性才能这样说：‘当我以女性那平静的、无可争辩的尊严，无须暴力、无须诉讼、无须特别庇护，便走进了某个房间时，整个黑人种族也跟着我一同走了进去。’”[93]

一个世纪之后的 1970 年，在就自己在民权运动中的角色接受采访时，组织者埃拉·贝克（Ella Baker）提出，以类似的方式，“伟大领袖”这一模板限制了这场运动的前进。“我一直觉得，对于被压迫的人民来说，如此依赖某个领袖，是一种缺陷。”她说道。原因在于，选定领袖人物的，往往是媒体，而非人民。[94] 这意味着媒体同样可以迅速地摧毁领袖，而领袖也很容易与运动脱节。在民权运动中，对争取平等斗争的领导往往被归功于男性，但“推动 1950 年代和 1960 年代运动的，主要是女性”。[95] 贝克将希望寄托在未来的领袖人物身上：“每当我发现某个年轻人……本可从这一制度中获益……却更认同黑人的斗争——这些人不具备他所拥有的机会——我就燃起了新的希望。”[96]

贝克或许受到了像阿德里安·玛丽·布朗这样当今的年
93 轻领袖人物的激励。布朗在自己的《一名康复中的魅力领袖的告白》（“Confessions of a Charismatic Leader in Recovery”）中引用了贝克接受的这次采访。在布朗生活的这个时代，像她本人那样年轻的有色人种酷儿（queer）女性，已可以承担起在库珀和贝克那个时代主要为男性保留的领袖职责。布朗很快就发现，身为魅力领袖的吸引力——她称其为“魅力炎症”（charismitis）——对任何人而言可能都很强大，无论其背景或社会认同如何。[97] 只要遇到机会，任何人都可能感染这种炎症。但对于来自不同立场的人而言，其表现仍有所不同。布朗解释称，当她首次获得认可时，这种感觉“很治愈……我从一个戴眼镜的肥宅女，变成了一个出色的、优秀的、捣蛋的戴眼镜的肥宅女”。[98] 然而，治愈感最终会淡去，被焦虑、倦怠以及为了维护自己的地位而脱离了运动的目标等感觉所取代。布朗指出，在与出资者打交道或组织大型集会时，她依旧会利用自己的魅力。但她同样会利用自己对此的警觉，来确保其技艺依旧是运动的一项资源，目的仍在于帮助所有人过上更美好的生活；而不是将其当作本人向拔尖攀升这一故事的部分内容。她总结的教训是：“社会告诉我，要独自追求成就，要试着提出最好的主意……但这会导致孤独。我怀疑还会导致灭绝。如果我们都试图取胜，那么永远没有人能真的取胜。”[99]

追求拔尖这场游戏的风险之一在于，如果你取得了胜利，你就会开始为你在等级次序顶端的地位辩护。马丁·路德·金在生命的后期开始思考普遍性收入保障这一问题。尽管他本人已取得了成功，但他这样做是试图确保，自己能够领导这场超越于对伟大/拔尖的追求的运动。如他所言：“我们社会当下的潮流是……将我们的富足挤压进中上阶层已进食过度的嘴中，直到他们的嘴被塞满为止。如果民主就是要拓宽意义的广度，那就有必要改变这种不平等。这不仅仅是 94
道德的，还是明智的。我们正在浪费和贬低人的生命。”[100]

对于每个人而言，终结这种对于生命的浪费与贬低的路径将各不相同。正如本章曾探讨过的个人经历的种种差异所表明的，对足够好的追求并不是一种绝对的普世立场。对于不同的人而言，这将具有不同的含义，我们通向它的道路也将是多种多样的。不过正如这些作家曾提醒我们的，每条道路都是更为宏大的使命的一部分；再次引用胡克斯的话，是

“创造一个人人都能过上充足和美好生活、人人都有归属感的世界”这一目标的一部分。[101]

创造人人都有归属感的世界，还意味着要就我们在人际关系方面应如何对待彼此提出疑问。将足够好作为自己的人生导向，这将导致对待他人的方式有何不同？足够好的人际关系看上去是怎样的？作为规范性地平线的“足够好”，能够以有意义的方式改变我们对于自我价值的认知，以及我们去爱和关照他人的能力吗？在下一章中我将论证这一点：要想创造一个“足够好”这一理念盛行的世界，我们就必须审视创造并维系着追求伟大/拔尖这一文化的各种规范，并考察对于足够好的人际关系的愿景是如何向这些文化规范发起挑战的。

第三章

我们的人际关系

向朋友和家人提起我正在写一本关于足够好的生活的 95
书，可能会很尴尬。他们理解其原则和价值，但坚持认为，我不可能提及生活的方方面面。他们难道不是“比足够好更好的”朋友与亲人吗？假如某人向我问起我妻子，我却回复称，“她足够好”，这听上去是怎样一种感觉？此人可能会以为，我的婚姻是在“凑合”，这其实是一段乏善可陈的感情。他甚至可能怜悯我。

这种口语中“足够好”的意思，不是我在此要谈论的对象。事实上，应该在相当宽泛的意义上理解满足我们社会与情感需求的“足够好的生活”这一理念。例如，哲学家金伯利·布朗利（Kimberly Brownlee）就在鲍迈斯特和利里关于归属感这一需求的作品基础上——我在第一章中曾提及这些作品——列出了此类需求的一长串清单，包括“肉体上的亲近、关爱的触碰……互动式融入、交互式玩乐、肉体与精神保护……陪伴、持久的联系，以及以有意义的方式支持我们在乎之人的机会”。[1] 于是在这一意义上，足够好的人际关系指的就是这种人际关系：它们既是美好的（承诺在人与人之间建立有意义的、有活力的联系），又是充足的（我们对于彼此的必要需求与渴望都获得了满足），还是足够好的
96 （我们能够认识到，日常的关爱行为要比夸张的关心姿态重要得多；面对在所难免的悲剧、背叛，或者未获得回报的寻常欲望，我们具备富有创造力的适应性，从而能够共同求生乃至发展壮大）。

关于足够好的人际关系的性质，布朗利进一步提供了重要的见解。她将人际关系与时间视作资源。像任何其他资源一样，它们也可能以糟糕的方式被分配。比如说，如果人人都希望与同一人外出游玩，或者如果人人都决定要躲避某人，这种情况就可能发生。布朗利鼓励我们去发现，人人都能以有意义的方式对社会生活作出某种贡献；将某人排除在外不仅会对此人，还会对更为广泛的社会关系产生有害影响。[2] 她所描绘的问题和我认为我们在更为广泛的、以追求伟大为导向的思维中发现的问题很像：过多社会资源（尤其是关注与关爱）为过于少数人所占有，与此同时多数人可能作出的贡献遭到了忽视。增加对这些人的关注，并不意味着我们的社会生活突然之间将变得令人无比满意。事实上，我们生命中的某些时间，总是在我们并不格外愿意与之相处之人身边度过的。如今是这样，未来也永远会是这样。一方面，永远不应为人际关系中的残忍态度开脱；此外，为我们并非总是愿意与之共度时光之人提供一定关爱，也是在这个社会世界上生活的应有之义。[3]

当我们为了自己而追求拔尖时，我们是在试图成为最大化的个人；无论做什么，这样的人物都是最出色的，但其目的不在于这些事情本身，也不是因为这样做有助于增进普遍福祉，而是因为这能为我们在任何一种给定的社会等级次序的顶端赢得一席之地。我曾提出，这种欲望实际上会对我们不利：这会导致过度的负担与焦虑，迫使我们遵循与我们的价值不相匹配的衡量标准，扼杀我们开发行小善与合作能力
的可能。如果我们在人际关系中也追求拔尖，这就意味着我 97
们会将相同的压力施加到我们的亲密伴侣以及我们之间的关系之上。也就是说，追求拔尖这一模板变成了双重的：我们将伴侣、孩子或朋友往金字塔的顶端推，我们还希望与他们的关系被社会认为是最值得追求的关系。我们不仅希望成为最出色人物的最好朋友，我们还希望拥有最好的“最佳朋友”关系。这样一来，我们为承认我们的差异与局限留下的余地就太小了。

在我们身上以及我们的人际关系中，拔尖有着不同的表现。但就这两方面而言，它都是这一世界的产物：世界教诲我们，为了克服苦难，我们要视攀升至顶端高于一切。而在另一个方向上，对完美人际关系的愿景似乎又能为社会等级次序提供正名理由。如果我们将自己的爱情生活视作一场寻找最完美、最绝对、最匹配之人的征途，那么还有什么能阻止我们认为，在我们自己身上，在我们的工作中，在我们的家里，在我们的社会中，或是从我们的自然界那里，我们也应该找寻类似的东西呢？尽管这些对做到拔尖的追求各不相

同，但彼此之间却是相通的。

在我们的人际关系中，对拔尖的追求会表现为不同的形式，这取决于我们谈论的是哪种人际关系。例如，在亲子关系中，以追求拔尖为导向就意味着要将我们的孩子塑造成在社会等级次序与地位经济中努力争胜之人。我们希望自己的孩子在世界上赢得这样的地位，即在竞争制度内部能够获得嘉奖。这样一来，我们也是在试图成为拔尖的父母，只要孩子能成为最出色的人物，我们就愿意为其付出一切。但问题在于，当我们试图成为拔尖的父母时，我们会对自己施加过
98 大的压力，并对孩子产生不切实际的期望。此外，我们还会破坏他人为自己塑造足够好的生活的能力。当一名雄心勃勃的青少年听说，街道另外一头的某位父亲为了教儿子拉丁语和中提琴，从而帮他进入哈佛大学，每天只睡四个小时，她或许会奇怪，为什么自己那正派、体贴且细心的父亲却如此自私，坚持要有充足的睡眠。[4] 与此同时，如果因为上千名申请者中会说拉丁语、中提琴技艺精湛者实在太多，街道另外一头的那个孩子还是没能进入哈佛大学，他就很可能无法承受其期望遭受的沉重打击。哪怕在大多数人看来，这位年轻人依旧过上了美妙的优越生活，但父子二人仍会感到自己是失败者。

更糟糕的是，即使其中某个孩子进入了哈佛大学，他们又怎么可能实现对其寄予的做到拔尖的全部期望呢？和所有人一样，他们的人生不可能比足够好更好，也不可能更加免遭意外或悲剧，更不可能更少遭受并非自己导致的偶然错误

或灾难伤害。他们将无力应对以下这种局面：深夜，在应有尽有的家中，追求完美导致的恐慌迫使他们吞下了又一颗安眠药，以平息脑海中不断要求完善自我的声音。[5]

我们中的许多人都知道，我们令自己的人际关系承受的压力与焦虑，是当下“追求伟大/拔尖”的文化激发的一系列问题中的一部分内容。正如我们对待自己的方式一样，我们知道部分问题在于我们掏空了中部。如果我们不是最出色的父母或爱人，那么我们就会认为自己是最糟糕的父母或爱人。然而，我们其实不必在追求“白马王子”与委身于“凑合先生”之间，在成为完美的父亲与只是偶尔才屈尊送孩子参加足球训练的父亲之间，在成为为对方两肋插刀的朋 99
友与每两年才想起打电话问候一声的朋友之间作出选择。我们可以设定一种截然不同的目标，即以能够使得他们和我们促进并参与足够好的世界的方式，对待我们的心爱之人。

我们可以避免在亲子关系（以及与之类似的友情与爱情关系）方面展开相互毁灭的军备竞赛，转而重新想象，在对待彼此时，我们希望成为哪种类型的人。我们可能会意识到，要成为一个足够好的父母、朋友或爱人，是困难和特别的。如果说我在一生中曾是个足够好的朋友、爱人或儿子，那是因为我成功地抵御了各种追求拔尖的诱惑。我倾尽自己的全力，但又不至于使自己筋疲力尽。我接受了心爱之人的缺点，并且对自己的局限直言不讳、开诚布公。我知道在什么时候需要比寻常关爱付出更多，我也会要求或给予额外的关注，但又不期望不断变本加厉。对于我们面对的所有问题，我并不想象自己独自掌握着完美的解决方案，而是只持有一种谦逊的立场；只有当某种解决之道考虑到了所有人的需求与关切时，它才可能有意义。我还曾鼓励身边的人通过创造一个为了所有人的足够好的世界，而不是令自己在某方面做到拔尖，来找寻意义与目的。

在我写下这一简短的清单之时，我担心自己曾屡屡失败，屈服于追求拔尖的诱惑。在人际关系中追求拔尖，就如同失去平衡的激情跳着跌宕起伏的舞蹈。它是过量精力的来回波动，会导致每个人都过度疲惫、过度期待，以及不可避免地心有不甘。另一方面，在人际关系中追求足够好，则是要在愉快的关系与不太严重的不幸之间达成不完美的和谐。这会使得每个人都精力充沛，满怀敬意，感到获得了认可与关照。如果我表示自己的家庭关系、友情或婚姻是足够好
100 的，那么我就是在如此勇敢地声称，在足够长的时间内，在对待彼此时，我们成功地成为上述类型的人。

浪漫的故事

在前一章中，我回顾了哲学史，以帮助自己想清楚，个人如何才能理解其与“足够好”这一目标之间的关系。在本章中，我将讲述各种故事——个人的、文学中的、电影里的。为什么要讲故事？因为我们对人际关系以及自己希望成为哪种父母、朋友与伴侣的看法，部分来自别人向我们讲述的，以及我们向自己讲述的，关于人们应如何对待彼此的故

事。和哲学一样，这些故事也会随着时间的流逝发生改变。当我们在不同的情境中接触到它们时，其意义也会有所不同。我想要弄清讲故事如何能有助于我们认识到，在人际关系中追求拔尖会导致哪些问题，以及追求足够好的人际关系的价值何在。

在《讲故事的人》（“The Storyteller”，1936）一文中，本雅明提出，讲故事的部分作用在于“提供指导”。但他也警告称，我们不能仅仅在故事中寻找这种智慧。从故事中汲取智慧，这种做法有着矛盾之处：“与其说指教是对于某个问题的回答，不如说是关于如何将某个刚展开的故事继续下去的提议。要寻求这种指教，首先就必须具备讲故事的能力。”[6] 换句话说，我们首先必须能够叙述自己的生活，只有这样，才能从故事中汲取智慧。如果我们不知道自己处于怎样的状态，我们就无法将获得的智慧纳入我们的生活之中。我们需要对我们向自己讲述的故事加以分析，以便开创新的可能性。

从自己的过往经验中，我了解到确实如此。我曾对自己 101
讲述过这样一则故事：父母在我年幼时离婚这段经历，塑造了我成年之后对于建立恋爱关系的渴望。在我生命的大部分时间里，我都强烈地——对于我的朋友而言，则是恼人的——渴望建立恋爱关系。我总是将这种渴望解释为试图以此来治愈父母离婚造成的创伤。于是我总是过于迅速地确立恋爱关系，又试图过于长久地保持这种关系，哪怕显然已无法维持下去。我愿意竭尽全力以避免分手。这其实是一种成为了不起的伴侣的幻想，它是这样一种信念：我是如此美妙，因而能够挽回自己人际关系中显而易见的失败。比如说，我曾有过这样一段难堪的经历：当时某名伴侣背叛了我，我却当场表示原谅她，并且几乎立刻问道，这是否令我成为她曾交往过的最好的伴侣。

我对自己讲述了一则不准确的故事。哲学家阿兰·德波顿（Alain de Botton）在关于爱情的作品中对这种现象进行了出色的描述。他认为，我们许多人都受困于这样一种“浪漫的理念：有着某个完美的存在，它能够满足我们的所有需求与渴望”。我想补充的是，同样，有时候我们会将自己想象成这种完美的存在。德博顿鼓励人们转而持有“悲剧式（有时候则是喜剧式）的观点，意识到每个人都可能令我们感到沮丧、愤怒、恼火、发疯以及失望；而我们（没有任何恶意地）也可能对他们做同样的事情”。[7] 通过向自己讲述一则关于我自己、关于我可能建立哪种恋爱关系的浪漫故事，我封闭了自己，无法认识到任何恋爱关系都有局限性这一智慧。在我人生中渴望恋爱关系的阶段，朋友一直试图就我的总体态度或是我所处的具体恋爱关系，给我一些指导。但由
102 于我对自己讲述了一则糟糕的故事，一则关于我在找寻什么的错误叙事，我便无法接受这些指导。

不过你可能会说，坠入爱河难道不被认为是人生中的完美时刻之一吗？我们难道不是会被丘比特的箭射中，被拖拽出狭隘的自我，缔结高贵的结合吗？这正是我曾对自己讲述的另一则故事。这是一则古老的故事。例如，在柏拉图的

《会饮篇》（*Symposium*，公元前4世纪）中，它就曾出现过。对话者之一阿里斯托芬（Aristophanes）讲述了一则神话（与巴别塔的故事相呼应）：人类曾是雌雄同体的球体；后来在众神看来，这些球体长得过于巨大、过于有力了，于是宙斯便将它们一分为二。如今我们都是这些被一分为二的灵魂。我们中的少数人足够幸运，能够与我们的另一半重新结合。他们彼此间的关系是如此亲密，以至于他们情愿融为一体，作为单一的灵魂进入来世。[8] 罗马诗人奥维德（Ovid，公元1世纪）在关于鲍西丝（Baucis）与费莱蒙（Philemon）的神话中讲述了该故事的另一版本。鲍西丝和费莱蒙是两个贫穷的小地主，他们慷慨地招待了两名不知姓名的旅客。这两名旅客其实就是天神宙斯与赫尔墨斯。作为回报（呼应了《圣经》中诺亚的故事），两位天神帮助这对夫妇在大洪水中幸免于难，后来还允许他们于同一时刻死去，并化身为两棵缠绕在一起的常青树。[9] 因电影《甜心先生》（*Jerry Maguire*）而出名的一句话可谓对此类神话的恰当注解："你使我变得完整。"谁会不希望得到这样的爱情呢？

记者洛丽·戈特利布（Lori Gottlieb）就是其中之一。在《嫁给他：支持和"足够好先生"凑合过的理由》（*Marry Him: The Case for Settling for Mr. Good Enough*）一书中，戈特利布承认了找寻完美男性对自己造成的后果：她总是不满意，并感到孤独。回顾自己的约会生涯，她发现自己为了找到"那一个"，错过了多位相当优秀的男士。她还发现这种情况不只发生在自己身上。在采访与自己年龄相仿的其他女性

103 时，她发现她们中的大多数都相信，如果十年前嫁给了经朋友介绍认识的那个棒小伙儿，而不是为了与派对上最性感的男士共度一夜良宵而将其赶走，自己如今会更加幸福。戈特利布总结道："婚姻并非一场激情盛会，而更像是一种伙伴关系，目的在于经营很琐碎、平淡，并且常常乏味的非营利业务。我是带着褒义这样说的。"[10] 或者正如布里奇特·方达（Bridget Fonda）在 1992 年的电影《单身族》（*Singles*）中扮演的角色所说的那样：她只是希望某人能在她打喷嚏时道一声"保重"，或者至少说一句"注意身体"。

戈特利布在写书的过程中，读到了社会学家保罗·阿马托（Paul Amato）的研究成果。阿马托提出了"足够好的婚姻"这一概念。他的研究显示，离婚率最高者并非相互憎恨的夫妻，而是自认为就是缺少了些许火花的那些人。这些人往往会离婚、再婚，然后发现自己还是不满意。因此，二婚者和三婚者的平均离婚率会愈发升高。此外，那些糟糕的婚姻孕育的孩子都经历过心碎与愤怒。和这些孩子相比，因缺少火花而离婚者的孩子患上抑郁症的比例更高，也更有可能对自己的恋爱关系产生类似的错误期望。证据似乎显而易见地表明：如果你给你的婚姻打 7 分或 8 分，那么你做得就相当好了。如果你这样还无法满意，那么你无论如何都不可能满意。[11]

不过正如戈特利布同样指出的，"凑合"本身并非一个特别清晰的概念。即使当她已下决心和"足够好先生"凑合过，她仍会怀疑，"或许我能和更好的人凑合过"。[12] 这种矛盾心态击中了这一问题的核心，即为何我们需要更深入地理解“足够好”究竟意味着什么。一方面是和满足了对你说“保重”这一基本要求的某个男孩凑合过，另一方面是你与伴侣如此相配，名副其实是其灵魂的另一半，在这二者之间 104
还存在别的东西吗？

我们首先可以重新回到柏拉图与奥维德讲述的故事。我当然认为足够好的人际关系的部分含义在于，我们在某些时候会产生合二为一的热烈愿望。有时候当我拥抱妻子时，这种感觉是——用《甜心先生》的台词来说就是——如此“完整”，以至于我希望永不放手。当心情很好时，我甚至会耳语“合体”二字。不过，真相当然是我们俩都不希望合体。我们俩都不希望放弃我们的个性、独处的时间，还有不同的兴趣、朋友或追求。我们的婚姻之所以状态良好，原因不在于我们希望完美地合体，而在于我们知道什么时候该表示：这样的合体已经够了，我们曾有过如此美妙的时刻；好吧，现在我们该探索生活中的其他元素了。

大多数浪漫爱情理论的问题在于，它们忽视了时间。我的意思不只是婚姻顾问所谓的“持久恋爱关系自然而然的潮起与潮落”，即健康的恋爱关系会经历的、与我们大脑中不同化学进程有部分关系的循环。[13] 我的意思还在于，浪漫的爱情故事存在于传说而非历史这一层面上。对传说与历史的区分借鉴自文学评论家埃里希·奥尔巴赫（Erich Auerbach）。他对此解释道：“（传说）的情节太过流畅。所有逆流，所有摩擦，所有对于主要事件及主题来说偶然、次要的因素，所有悬而未决、掐头去尾以及不确切的事情——它们会导致行为的清晰过程以及行为方的单纯取向变得混乱——都消失不见了。我们见证的历史事件……情节则更为多样、矛盾且令人困惑。”[14] 当我们思考柏拉图笔下爱人融为一体的时刻时，会忘记一路上那些磕磕绊绊：睡眠太少导致的坏脾气，无力领会某种目光或某种表情，因为分心而忽视了对方正请求帮助。而且由于我们怀有的完美愿景与这些现实是
105 相悖的，我们就会因此而沮丧，忽视了其具有的教育意义。当然，在疲惫不堪时尽量避免动怒，这终归是有限的；但我们无疑可以提升承认疲惫而非伴侣才是导致我们动怒的原因的能力。但要做到这一点，我们就必须将我们的恋爱关系当作历史而非传说来研究：它们充满了不合拍的反应、错误、磨合，而不是无止境的合二为一。

这就是找一个更好的人“凑合过”的意思。其指的不是共同经营某种无聊的业务这一意义上的“足够好”，这距离传说未免太远，距离历史的了无生气又未免太近。在我们的爱情中，既需要一点传说，也需要一点历史。我们需要一些高贵与狂喜（好；或者非常好），但我们也需要一些寻常关爱与关切（足够）。此外我们还需要认识到这一点：对我们的伴侣而言，我们并非一切；对于我们而言，伴侣也并非一切。[15] 对彼此而言，我们都需要做到足够好，并接受对方的足够好。只有这样，我们才可能既拥有奇迹般的时刻，同时仍使得我们自己的追求充满意义。

一段环形旅程

哲学家托德·梅（Todd May）是电视剧《善地》在哲学上的重要灵感来源之一。他认为，做一个道德的人，需要认识到这一点：我们和其他人都可以过上有意义的生活。遵循这一准则，将促成他所谓的“正派生活”；这一概念与我在本书中描述的内容颇为相似。[16] 在足够好的人际关系中，我们会努力平衡令参与其中的每个人生活充满意义的各种需求。以追求拔尖为导向的父母，则因专注于被认为比正派生活好得多的某种东西，有时候反而忘记了这一点。

大约十年前，蔡美儿（Amy Chua）有争议的回忆录《虎 106
妈战歌》（*The Battle Hymn of the Tiger Mother*, 2011）便是以学习这种平衡之困难为主题的。蔡美儿在书中详述了自己作为一名身处两种文化之间的母亲的感受。她松散地将两者称为“中国”模式和“西方”模式。（她也承认文化脸谱化有一定的局限性。）在蔡美儿看来，在中国模式下，优异的成绩和精湛的音乐技艺是儿童时期唯一的目标，日复一日的练习、责骂以及严厉的惩罚则是实现这些美妙目标的必要手段。而在西方模式下，优先考虑的是孩子的快乐与情感健康。如果他们在某方面表现优异，那当然棒极了。但如果并无特长，那也没什么大不了的。蔡美儿进一步解释道，哪怕是更加以追求拔尖为导向的那些西方模式，在中国标准面前也会相形见绌。如果你希望自己的孩子网球打得最好，或者只是泛泛地希望他们实现“自我优化”，那么你就并未领会到重点。中国父母并不在乎孩子对自我优化有何想法，他们在乎的是他们认为对孩子最有益的事情。而且他们会不顾一切地避免孩子懈怠，敦促他们满足父母对于学业的要求。(唯一不必取得最好成绩的课程是体育与戏剧。[17]）这可谓登峰造极式的以追求拔尖为导向的育儿之道：不仅孩子需要成为最出色的，父母也需要不断地督促孩子成就完美，而且所有孩子必须符合某种衡量拔尖程度的单一标准。

蔡美儿的书出版之后，先是以节选的形式发表在《华尔街日报》上，以扩大关注度。节选的内容集中于她育儿之道中令人最为不悦的那些方面——许多读者认为这简直是在虐待儿童。然而，她的回忆录并不是要赞颂自己所做的一切。这是一首“战歌”；而在这场战斗中，她是失败者。就如何
107 让孩子成为高居于社会金字塔顶端的那一类人，她和女儿们开战了。她发现，自己的尝试遭到了小女儿露露（Lulu）的愤怒反抗。在这本书的高潮情节中，一家人正在俄罗斯度假，蔡美儿坚持要求女儿尝试吃吃鱼子酱，但女儿拒绝照做，这导致她的愤怒情绪大爆发，童年时期承受的全部压力都释放了出来。露露表示自己憎恨母亲和她所做的一切。在那座华美的酒店里，她摔碎了一个玻璃杯，这让蔡美儿难堪不已，跑出了酒店。不过，当领悟到“中国式”育儿之道是有局限的之后，她又回到了酒店。讽刺的是，蔡美儿承认这一领悟来自自己父亲的经历，他当年正是为了远离其父母才移居美国的。她不想让逃离父母一事在自己的女儿身上重

演。正是因为蔡美儿最终领悟到了这一点，许多读者才开始捍卫她。他们明白了，蔡美儿并不是要赞颂自己的育儿之道，而是要埋葬它。

然而，这种语调的转变，仅仅反映了育儿方式的变化。她为育儿定下的目标并未改变。在故事的结尾她告诉我们，她依旧希望女儿们大获成功。她只是不希望她们在这一过程中憎恨自己。实际上，许多人的父母都不会无休止地督促他们。这一事实应该显而易见地表明了，在方法与目标之间并不存在真正的关联。事实上，像蔡美儿的大女儿索菲亚（Sophia）那样，有些孩子会因为受到了督促而成就卓越；而像露露那样，另外一些孩子则会愤怒地反抗。还有些孩子，他们之所以能成就卓越，恰恰是因为父母不曾督促自己，置身于只奖励拔尖者这样一种文化之中的他们，便转而反抗父母甘愿过“寻常”生活的态度。

对于蔡美儿的育儿之道，或者任何其他育儿之道，我们
应该提出的问题不应该只是它使用何种奖惩机制（尽管这当 108
然很重要），而应该是其目标究竟是什么。不幸的是，人们常常假设：在督促孩子实现最大程度的成功与彻底不管不顾之间，不存在其他选项。在文化上，我们尚未接受温尼科特有关足够好的父母的见解：这种育儿模式尽管减轻了追求完美的重负，但依旧是困难的，有着很高的要求。这需要我们践行某种令蔡美儿和不管不顾的父母都感到陌生的规训方式：能够既对孩子给予足够的付出，又对其予以足够的保留。通过这一微妙的平衡，我们的孩子能够学会一套与一心

追求个人成功不同的道德标准。他们会认识到，寻常的快乐是重要的；合作是困难的，但具有根本意义；在生活中喜悦与悲伤会相伴相生；我们需要具有创造力和适应力，因为道路并非总是一帆风顺；我们需要学会欣赏有着不同天赋与美德的人们；在数学、写作或者钢琴演奏方面取得成功，仅仅是衡量人生成就的一种指标；我们不应以牺牲他人为代价来追求自己的目标；我们享有的优待意味着我们要履行社会契约，帮助他人也获得这些优待；我们承受的不必要的苦难也意味着我们要履行社会契约，确保其他人不会再重蹈覆辙。

我很高兴蔡美儿向女儿的需求敞开了心扉，并帮助指导其他父母也这样做。然而，通过故事给予以及接受指导的要点在于，只有当我们自己的故事处于恰当的位置时，我们才能听到适宜的指导。既然蔡美儿故事的框架依然是成功与失败这一对立，她所受到并向读者提出的建议也就只能停留在育儿方式这一层面上了。选择并不在于是做一名中式父母，还是做一名西式父母，而是在于这二者之间：是教育你的孩
109 子相信，生活就是一则输与赢的故事；还是教育你的孩子认为，生活是要为保障所有人都能过上美好和充足的生活而斗争。

笑声理论

通向完美的道路上满是争斗与泪水。足够好的生活有时候却能开辟一条通往美好生活的更幽默的道路。我曾说过，

足够好的生活要求我们承认，我们的人际关系中会存在一定程度的悲剧与困境，并且我们要意识到生活最多也只可能是足够好的。然而，如果忽视了这样一种别样生活方式中喜剧与欢乐的一面，将是错误的，是严重的误解。我甚至想说，对足够好的认识，或许正是我们欢笑的原因之一。

有一种常见的笑声理论，常常被追溯至沙夫茨伯里勋爵（Lord Shaftesbury）于1709年写下的一篇文章。这种理论被称为“减压理论”（relief theory）。据幽默理论家约翰·莫里尔（John Morreall）表示：“‘减压理论’是一种液压式解释方式。在它看来，笑声对于神经系统的作用，就如同减压阀对于蒸汽锅炉的作用一样。”[18] 笑声使得我们得以释放原本压迫着我们心灵的心理能量。这种幽默理论最重要的拥护者或许要数西格蒙·弗洛伊德（Sigmund Freud）。在弗洛伊德看来，幽默使得心理能量得以释放。他引用了马克·吐温（Mark Twain）讲述的关于其兄弟的一则故事。这则故事是这样的：马克·吐温的兄弟从事着某条铁路的施工工作，他在一次爆炸中被炸得飞上了天。点睛之笔在于：落地之后，他被扣除了半天的工资。在弗洛伊德看来，这则故事之所以会令我们发笑，是因为其前半部分令我们背上的情感债务——同情马克·吐温的兄弟——立刻就得到了释放：后半部分表明，这其实是一则幽默故事。笑声正是这种心理债务得以释放的表现。[19] 或许并不令人感到意外的是，弗洛伊德正是 110
这样理解性压抑与玩笑之间的关系的。性幽默促成了这样一种情境：我们不再感到必须压抑自己的性欲了。与其说玩笑释放了我们的性冲动，不如说它释放了我们用于压抑性冲动的能量。以下内容并非弗洛伊德理论的部分内容，但我认为它与之十分相符：笑声还可能意味着，我们感到与成就拔尖捆绑在一起的心理能量得到了释放。

威尔·法雷尔（Will Ferrell）和亚当·麦凯（Adam McKay）主演的好莱坞电影《塔拉德加之夜》（*Talladega Nights: The Ballad of Ricky Bobby*, 2006）就为这一观点提供了一个范例。《塔拉德加之夜》讲述了法雷尔饰演的赛车手里基·博比（Ricky Bobby）的故事。里基成为纳斯卡车赛历史上最伟大的车手。他的故事与蔡美儿女儿的故事几乎截然相反。他的父亲里斯（Reese）对他的生活完全不管不顾，只是短暂地、有些偶然地在里基 10 岁那年，为参加儿子在学校里的“生涯日”回过家。他虚张声势地来到里基的班上，发表了一番关于装酷的激动人心的演说。但随后他又辱骂了老师，并被赶出了学校。在再次抛弃儿子之前，他转过身来，向里基说出了日后指引他一生的格言：“如果你不是第一名，那么你就是最后一名。”（这里与蔡美儿为女儿们制定的规则并无太大不同：永远“要在每一门课上都当第一名，除体育课与戏剧课外”。）

为里基的毕生追求“加油”的正是这一逻辑（原谅这一双关语）。在每一场比赛中，他不是排名第一，就是因为在争夺第一名的过程中撞了车而排名垫底。（里基父亲的育儿态度几乎与蔡美儿截然相反，但讽刺的是，他对孩子起到的影响却与她相同。）终于，一名新车手战胜了里基，他就是由萨沙·拜伦·科恩（Sascha Baron Cohen）饰演的捏着嗓子的法国赛车手让·吉拉尔（Jean Girard）。当超过其他车手之后，吉拉尔便会边喝玛奇朵，边阅读阿尔贝·加缪（Albert Camus）的《局外人》（*The Stranger*）。吉拉尔的胜利以及掉到第二名引发的连锁反应，导致里基先后失去了妻子、工作 111
以及最好的朋友。里基回到了家中。母亲把他父亲重新叫了回来，以帮助里基重整旗鼓。里基就“不是第一名，就是最后一名”这句格言质问父亲，并指责这种观念毁掉了自己的生活。父亲给出了喜剧效果般完美的回复：“天啊，里基，说那句话时我正嗑药嗑嗨了。那句话没有任何意义……你可以得第二名、第三名、第四名。天啊，你甚至可以得第五名！”

对于里基来说，这句话就没有那么风趣了。意识到自己人生的基础竟是父亲嗑药嗑嗨了时说出的一句没有意义的话，他一时间更受打击了。不过观众看到这里却能感受到幽默，因为他们的心理能量原本是和这一想法捆绑在一起的：里基会以重夺第一名的方式实现救赎。最终，里基本人也会意识到这一想法有多愚蠢。这一场景之所以有趣，部分原因就在于里基错误地将某人嗑药后说过的一句可笑的话当了真。不过在这一刻，里基也从追求“伟大/拔尖”这一要求中解脱了出来：此时他不必通过取胜，而是可以通过学会如何在不当第一名的情况下生活，来实现救赎了。嘲笑“追求伟大/拔尖”这一愚蠢的理念，正是足够好的生活中的一大乐趣。因此，正如喜剧演员拉里·戴维（Larry David）说的，我们追求的生活是“非常、非常、非常……好的”。

善待陌生人的悖论

在《成名》（“Famous”）一诗中，娜奥米·希巴卜·奈（Naomi Shibab Nye）这样写道：“我想要成名，对于往来的男子/他们穿过马路时带着微笑，食品店队伍里黏糊糊的孩子/如同对他们回以微笑的人那样有名。”[20] 我能够想象，娜奥米或是她描写的这些人物，正在排着队。她度过了劳碌的一天：打着教书这份零工，照顾着孩子，还试着找些时间
112 写作。她的耐心已所剩无几。她急着赶回家，终于能吃上一口饭。她所排的这条队移动缓慢，其店员收入微薄、不受尊重。假如这首诗写作于新冠疫情这类时间点，那么这名店员令自己置身于巨大的风险之中，只是为了让其他人能够买到必需的东西。一个孩子撕开了糖果的包装纸。他明明被告知不得触碰这些糖果。这样做或许会传播病毒。棒棒糖贴到了孩子的脸上。孩子们并不理解此刻这种反常的压力与恐惧感。他们抬头看了看娜奥米。她紧张的情绪可能以各种方式发泄出来。她可能情绪失控；可能将对于自身处境的怒火发泄到孩子、孩子的母亲或店员身上。或者，她也可能笑出来，将压抑了一天的心理能量释放出来，在这一天里她督促自己去奋斗、去写作、去成名。不知怎的，在某种推动其人生倒向寻常的正派与关爱的奇妙力量作用之下，她发现这一幕其实很有趣，于是她便鼓足力量，对孩子回以微笑。

要把对孩子回以微笑当成某种非凡的成就，这是不幸的。但在以追求伟大/拔尖为导向的文化中，人际关系中这种微小的关爱之举也变得愈发难得了。这种行为对我们普遍的社交能力会产生强有力的影响。如果我们都在争取做到拔尖，忽视了构成生活中大部分元素的寻常互动，我们对待他人时可能就会变得不那么友好了——无论他们是最亲近的熟人，还是虽不认识、但与我们享有同一个世界的那些人。

1973年时，普林斯顿大学的两名心理学家约翰·达利（John Darley）和丹尼尔·巴特森（Daniel Batson）公布了一份常常被引用的实验结果。实验的对象是普林斯顿神学院的学生。达利和巴特森想要验证《路加福音》中提到的“好撒玛利亚人”（Good Samaritans）寓言。在这则寓言中，一名犹太男子被遗弃在路边，经过的牧师和利未人（Levite）对此不闻不问，属于另一宗教群体的撒玛利亚人却救助了他。达利和巴特森对这则寓言的理论总结是：牧师和利未人可能过于专注于宗教问题，因而未施以援手；撒玛利亚人则可能没有 113
考虑这些问题，因为“撒玛利亚人在宗教上是局外人”。[21]但我们或许应该对这种说法提出一些质疑，因为局外人与不思考宗教问题之间并不存在逻辑关联。不管怎样，达利和巴特森还给出了另一种解释：在社群生活中重要性较低的撒玛利亚人，可能时间更加宽裕。这种说法依旧是可疑的。不过无论如何，对于某人为何会或者不会成为一名“好撒玛利亚人”，该研究还是提出了两种可能的假设：其一在于他们心中所想的内容，其二在于他们的时间是否宽裕。

为检验哪种解释可能是主导因素，达利和巴特森给神学院的某些学生下达了任务：穿越校园去就“好撒玛利亚人”寓言发表演说。在其路线上，他们安插了一名男子，令其作出一副明显不适的姿态（弓着身子、咳嗽，等等），以观察要去发表演说的学生是否会停下来帮助他。他们还增加了一项关键变量：某些学生被告知他们快要错过发表演说的时间了，某些学生被告知时间还比较宽裕，另外一些学生则被告知他们还有着大把时间。实验得出了惊人的结果：在时间充裕的神学院学生中，63%都会停下来帮忙；在时间充裕程度居中以及快要迟到的学生中，这一比例分别为 45% 和仅仅 10%。[22] 学生们心中所想的内容似乎无关紧要。就连那些声称自己上神学院就是为了帮助他人的学生，如果被告知自己即将迟到，也往往会飞奔而过。

然而关于那 10% 停下来施以援手的快要迟到者，达利和巴特森并未告诉我们任何信息。是什么促使每十人中就有一个人会违背将赶时间置于帮助他人之上这一规律？对此，达利和巴特森对于这则寓言最初的解释可能有些道理：牧师和
114 利未人与撒玛利亚人属于不同的社会阶层。过去半个世纪里的各种研究不断证明，与富人相比，生活在贫穷之中的人们更有可能采取直接互助的举动。[23] 情况有没有可能是这样：每十人中的九个人并未受到互助文化的熏陶，剩下的那名学生却受到了这种熏陶？达利和巴特森没有提出这一问题，所以我们永远也不得而知了。

不过这种解释看上去同样并不能令人完全满意。在达利

和巴特森进行这一研究的同一时期，包括罗伊·哈罗德（Roy Harrod）、斯塔凡·林德（Staffan Linder）和弗雷德·赫希在内的多名社会经济学家也在为这一古怪的事实冥思苦想：日益富足反而会导致闲暇时间越来越少。[24] 这一事实之所以令人困惑，是因为人们假定，随着经济日益增长以及人们变得愈发富有，他们的闲暇时间将增多。但这些经济学家却发现结果与之恰恰相反：人们反而工作得更加辛苦了。他们提出了两种相互强化的机制，以此来解释这种现象。首先，消费机会的增加意味着将消费行为最优化的压力也增加了。如果能够享受的东西如此之多，那么我们怎么能知道应该享受什么呢？如今人们可能需要作出决定，在网飞（Netflix）这样的流媒体服务平台上看些什么（或者干脆是该订阅哪个流媒体服务平台）。选择如此之多，我们的业余时间又有限，所以我们会感受到压力，要通过收看可及的最佳节目来令自己的选择最优化。这正是心理学家巴里·施瓦茨（Barry Schwartz）所谓的“选择悖论”：选择增多，会令我们更加自由；但选择若过多，则会束缚住我们。[25] 第二种机制进一步加剧了第一种趋势：随着经济日益朝着“赢者通吃”的模式发展，要么登上顶端、要么坠入谷底的压力越来越大，闲暇时间也被迫与劳动时间展开了竞争。哪怕当人们对于在网飞上应看些什么犹豫不决时，也在惦记着自己只要有钱就应该购买哪只股票（显然应该买网飞），或者希望自 115
己能得到哪份工作。这还是他们有空在沙发上躺躺时的情况。位于经济顶端的人们为保住自己的社会地位，工作时间越来越长；位于底端的人们则在愈发危险的条件下从事越来越多份工作。这两种因素不断相互强化：我们更加辛苦地工作，以争取更多闲暇；但闲暇又具有自我否定的性质，于是我们的闲暇时间反而变少了；这样一来我们又会对仅有的闲暇时间施加更大压力，以便尽可能充分地享受它。用本书的语言来描述就是：对在经济上做到拔尖以及对最优闲暇的追求，可能令某些人变得富裕了，但却令大多数人处境更糟糕了。

这一切与达利和巴特森的研究又有什么关系？赫希解释称，与常见的朋友之间的奉献与索取不同，对陌生人施以援手者无法立刻从中获得好处。关爱他人的社会行为，例如送给街头的无家可归者一些东西，有着些许零星的成本，但馈赠者却很少能够立刻获得明显的回报（或许较不宽裕者更愿意馈赠，部分原因正在于此：他们更有可能预期自己会处于需要帮助的境地）。不过赫希也指出，认为人们需要立刻获得回报，这种看法并未抓住要点："人们取得收益的交易占少数，蒙受零星损失的交易占多数；人们从前者那里获得的收益大于在后者那里遭受的损失，（因此）组织会失灵。"[26]换句话说，哪怕我们一生中仅仅从陌生人的善举中获益一次，对我们而言，其价值也很可能大于每当遇到乞求时都给出一美元（或者我们承担得起的其他东西）所遭受的损失。只有通过道德才可以纠正组织的这一错误："'好撒玛利亚人'能够纠正这一市场失灵。"[27]

然而，这里存在着问题。一种堪称悲剧的悖论会由此形成："赢者通吃"的社会造就了越来越多的失败者，他们又需要越来越多的互助；然而正由于所有人都深陷于"赢者通吃"的泥沼之中，因此不会有人愿意伸出援手。于是与进行 116
普林斯顿大学神学院实验——这一实验并未提出有关阶层、经济压力，以及与之相伴的对地位财的追求（例如登上美国的顶级讲坛）的问题——大约同一时期，一套强有力的社会-经济逻辑正在形成。这一逻辑被用来解释的，正是其试图瓦解的那一现象。并不是说，"处于匆忙之中"本身会对我们乐于助人的意愿产生跨历史的影响；而是在特定的社会状态下——例如耶稣痛斥的那种极为不平等的状态，或是在过去数十年间愈演愈烈的当前这种极为不平等的状态——在某个群体内部（或许正是最有可能进入普林斯顿大学神学院这类地方就读的那一阶层），人际间的友善关系会减弱。正如我们在下一章中将要看到的，这一悖论困扰着许多现代保守思想：哪怕这些思想责令我们践行"好撒玛利亚人"这一道德，其深陷其中的那套经济逻辑也会从我们脚下将体现这种道德立场的可能性撕得粉碎。[28]

上天堂还是去钓鱼

然而，经济并非我们在此关注的因追求拔尖而陷入困境的唯一领域。如果我们将注意力从陌生人那里转移到朋友身上，就会发现追求拔尖引发的其他形式的压力，抑制了我们以有意义的方式与其他人交往的能力。作为一名作家，我非常清楚精进自己的技艺可能带来多大压力。高强度写作时的我，可不是一位多么好的朋友或伴侣。当受到干扰时，我容易发怒。我还常常陷入沉思。你或许会说，要想将某件事做好，就需要付出这样的代价。

某名曾鼓励我在打磨语言方面甚至要更为用功的写作教
117 师，向我讲述过下面这则关于某位作家的故事。［我记得是古斯塔夫·福楼拜（Gustave Flaubert），但我在任何地方都找不到这则故事。］采访者问这名作家，他当天都做了些什么。作家答道："早上，我在某个单词中间加了个连字符。下午，我又把连字符删掉了。"写作教师向我讲述这则故事的目的，是要激励我去追求完美。但我如今却认为它是对追求伟大之徒劳的隐喻。这名作家实实在在地花费了一整天时间，试图令作品变得完美，以至于其实啥也没做。

不过，这则故事——或者说我自己对写作的执念——的问题还不止于此。我们这位如此执着于一个连字符的大作家错失了什么？哪些其他见解与他擦肩而过了？他失去了哪些欢乐以及哪些与朋友共处的时间？在追求完美的过程中，他产生了何种焦虑情绪与荒诞行为？作为读者的我们，又错过了什么？哪些未被奉为经典的作家及作品遭到了埋没？我们如何才能得悉使用连字符的技巧虽不完美，向我们讲述的故事却颇有裨益的那些作家的生平？与摆弄连字符相比，此类故事与经历是否更有助于使其作品变得更好？

在《瓦尔登湖》（*Walden*，1854）的某个场景里，梭罗按照上述方式辛辣地批评了自己对于完美的执着。梭罗独自一人坐在小木屋里，正在阅读孔子作品的某些新译作。这些译作似乎使他在思想上达到了新的高度。他记录下了自己的感觉：“我一生中从未如此接近于与万物的本质融为一体。”他确信，只要自己能够思考更长一些时间，就能够实现这种融合。届时，他精神生活的焦虑动荡想必就会消散，他也将进入崇高体验的另一层面，并在那里受到欢迎。但突然之间，他的诗人朋友现身了，问他是否想去钓鱼。梭罗从畅想中猛然惊醒，再也没有找回这种感觉。灰心丧气的他问道：“我 118
究竟应该上天堂，还是应该去钓鱼？”[29] 此次干扰已经为梭罗做好了决定。他只能来一次普普通通的外出远足了。

或者，看上去的确如此。在稍后的章节中，梭罗又重新开始阅读孔子，并记录下了一些作为他冥思对象的语录。其中之一是：“孔子说的对：‘德不孤，必有邻。’”[30] 我觉得，感到自己与万物的本质融为一体，想必是人们能够产生的最为伟大的创见。但即使某人达到了这一成就，那么接下来他又该做些什么呢？已经产生了这种创见之人，如何还能继续生活在这个自己必须吃喝拉撒、随时可能受到打扰的世界上？除非能够从这些日常接触中发现万物的本质，否则这种融合就注定是稍纵即逝的。事实上，这些充满了琐碎不快的日常接触，是无法催生超越感这一神秘体验的。但它们可以催生另外一种感受，即对于足够好的世界的真正欣赏。这样的世界尽管有着种种局限、苦难与困境，但仍像天堂本身一样生气勃勃。或许梭罗已经实现了那种融合，只不过不是以他所追求的方式。因此他还记录下了孔子关于在何处寻找创见的这番话："如在其上，如在其左右。"[31] 它们甚至存在于我们精力旺盛的朋友们身上。仅仅凭借我们自己，我们永远无法与万物的本质融为一体。因为"我们是谁"这一问题的答案，是与我们的人际关系紧紧捆绑在一起的。

像庄子和惠子那样

不过，我并不确定我最好的两位朋友是否会对我写作这本书感到高兴。他们太有礼貌了，肯定不会明说，但他们给
119 出过暗示的信号。尽管他们问过我生活中的各种细枝末节，但很少问起这本书。当我做某件他们认为了不起的事情时，他们总是会提起这一"讽刺"之处：我正在写一本关于足够好的书。（他们不理解我的谦逊。）每当什么事情出了错时，他们就会表示我不能责怪任何人，因为我的生活依旧"足够好"。可以理解的是，有时候他们还会对这一点提出质疑：一名身体健全的美国中产阶级顺性别异性恋白人竟要告诉其他所有人以"足够好"为目标，尽管此人在试图重新界定这个词的意义。更为根本的是，他们相信生活的目标应该在于超量、壮丽、精致的美。他们在一生中追求的都是这些目标，而且希望通过自己的慷慨，使得其他人过上无比辉煌的生活。既然如此，他们为何还要和这名足够好生活的追求者混在一起？

庄子可能有助于回答这一问题。他是一名生活于约公元前 4 世纪的中国道家哲学家。他的思想与生平被收录于一本

同名著作中。《庄子》一书里充满了寓言，常常带有幽默感与怀疑态度。《庄子》提出要“逍遥游”，要拒绝社会规范与习惯，寻找更纯真、更愉悦的共同生活方式。我最喜欢的是这样一个简短的场景：庄子正和总是与他唱反调的对话者惠子一同散步。庄子感慨道，鱼看上去很快乐。惠子回答称，既然庄子不是鱼，就不可能知道鱼是否快乐。庄子回应道：你也不是我，那么你又怎么知道我不知道鱼很快乐呢？[32] 在另外一则对话中，惠子抱怨称自己有一棵没有用的树，他感到这是个负担。庄子的回应则是称赞这棵没有用的树是美好生活的典范：“彷徨乎无为其侧，逍遥乎寝卧其下。”[33]

当我初读《庄子》时，我将庄子视为这些争执中无可争 120
议的胜利者。当我开始为写作本书展开研究之后，我找不着原来那本《庄子》了，便又买了一本布鲁克·任博克（Brook Ziporyn）的新译本。任博克在引言中提出的一个简单的观点，彻底扭转了我对于全书的理解：庄子和惠子是最好的朋友！任博克甚至走得如此之远，认为整本书或许是庄子与惠子之间秘密的、持续进行的对话的部分内容。[34] 这一对话可能是关于什么的？从《庄子》中可以总结出来的惠子的教义指向一个单一的结论，并且与梭罗从孔子那里得到的教诲相呼应：“泛爱万物，天地一体也。”[35] 惠子的真正教义似乎就在于此。那么庄子对此又有什么不同意见呢？

任博克认为，惠子坚持认为自己能够一劳永逸地证明这就是道德真理，庄子并不同意这种看法。任博克评论道：

“这样一来，作为能够证明并声称这一［真理］的胜利者，惠子就是在暗示其立场与实践具有独一无二的优越性。看上去庄子以亲切的、带着笑意的方式表示反对的，正是这一点……庄子似乎接受了惠子的全部观点，除了他给出的答案，以及与之相伴的作为‘解答者’的地位。”[36] 换句话说，庄子反对的是惠子声称自己抵达了求知等级次序的顶端。他希望惠子不仅感受到完美的创见，还能从怀疑中体会到令人愉悦的谦逊。

令庄子和惠子结下深厚友谊的，不是同质性，而是有分歧的亲近性。在某种层面上，友情之所以能良好运转，原因就在于这种平衡，这种有其锋芒的亲密性，因为我们在生活中不可能变得完整，不存在某种单一的共同认识；因为友情
121 的部分乐趣就在于发现与你如此亲近的某人，与自己仍然有所分歧。我认为这一点对于我们而言是十分美好的，因为它揭示了“足够好”的真谛：不存在你与之在任何事情上都保持静态一致关系的完美朋友，只存在这样一种动态的乐趣：一再发现朋友对自己很好、帮助你维系并保持生活；但朋友对你而言又只能做到足够好的程度，只可能既对你表示赞同，又与你产生分歧。

无论经济状况如何，这一点都保障了友谊的价值。因为无论我们的时间有多紧张，无论对于登上财富或知识等级次序顶端的追求如何盖过了去钓鱼的需求，事实上这些成就都无法令我们与万物的本质融为一体，因为任何此类见解最终都会化为我们共同世界的一片混乱。了不起的物质价值无法

像我们以为的那样，为自己带来意义，因为只有邻里价值才能保障我们的愉悦。不得不与朋友产生分歧，或是不得不从全身心的追求中抽出时间陪伴他们，这可能会让我们感到自己的力量被削弱了。但事实恰恰相反。我们的力量正来自对共同需求与分歧这一困境的应对。德波顿关于恋爱关系的某些文字也适用于友谊："最适合我们之人，并不是和我们有着完全相同的趣味之人（这种人根本不存在），而是能够睿智地就趣味上的分歧与我们进行协商之人，是善于表达分歧之人。'不过分糟糕之人'真正的记号并不是完美互补这一想象中的理念，而是大度地容忍分歧这一能力。"[37] 哪怕是我，也可以和以追求拔尖为信念的人做朋友；或者说，哪怕是他们，也可以和我做朋友。这就如同庄子和惠子一样。

走着瞧吧

我大约每周会和母亲通一次电话。由于某些我无法控制 122
的原因，过去几年间我一直过着漂泊不定的生活。因此我们经常谈论我为了增强生活的稳定性所制订的各种新计划。出于各种原因，这些计划常常无疾而终。不过在新冠疫情期间，过上稳定生活的尝试变成了一个笑话。每当我打下某些新的地基，母亲总是会向我重复乡间的古老格言：如果你想要让上帝发笑，就制订计划吧。

距离庄子生活的年代不远，流传着这样一则故事，它可谓是这句格言的注解。这则故事收录于道家著作《淮南子》

（约公元前139年）中。它有多个版本，我最喜爱的是曾在不同场合听到的口述版。这一版本要比原始版本略微长一些。[38] 这则故事大概是这样的：在边塞地区住着一户人家，有一天家里的马走失了。邻居前来安慰，表示这件事太不幸了。塞翁却说道："走着瞧吧。"不久之后，这匹马回到了家中，还带回了好几匹胡骏马。邻居前来祝贺，表示你们一家太走运了。塞翁又说道："走着瞧吧。"一天，塞翁的儿子在骑胡骏马时摔了下来，摔断了一条腿。邻居就这一不幸的意外表示安慰。塞翁说道："走着瞧吧。"很快战争爆发了，年轻男子纷纷被征召入伍。邻居表示，儿子摔断腿一事竟如此幸运。塞翁还是说道："走着瞧吧。"

我认为这则故事再次表明了对不完美持开放态度的价值。就当时而言，邻居认为发生的情况幸运或是不幸，无疑都是正确的，但人生的性质就在于，事情在某一时刻看上去是这样，但其含义往往会发生变化。蔡美儿和女儿爆发了不
123 快和难堪的冲突，这是一件坏事。但此事促使她意识到了其育儿之道的局限性（更不必提为作为作家的她赢得了一定名声）。我早期的恋爱关系总是会崩塌，这令我感到痛苦。但这种情况也教育了我，促使我进行自我分析，调整预期，努力敞开心扉，接受他人指教。恋爱失败或期望受挫，并不一定是件坏事。

在题为《福与祸都是我们对自己讲述的不完整的故事》这一动人的TED演讲中，作家希瑟·拉尼尔（Heather Lanier）将这一至关重要的教训引入了另一领域。她从《淮南子》塞

翁失马的故事讲起。考虑到她演讲的题目，这一点并不令人感到意外。不过对她而言，这并非只是抽象的教训，而是发生在她第一个孩子身上的故事。她向听众表示，自己起初希望生一个完美无瑕的“超级宝宝”，并竭尽所能地——服用各种补充剂，吃各种有机食品，最大限度地锻炼身体——想要确保生下的“不只是个好宝宝，还是最好的那个宝宝”。然而，孩子出生时体重仅为 2.15 千克，还患有极其罕见的沃尔夫-赫希霍恩综合征。医生告诉她，导致孩子出现这种状况的，要么是“糟糕的种子”，要么是“糟糕的土壤”。在她看来，这种情况“毫无疑问是糟糕的”。不过，她很快就意识到，这种怎样才是恰当的发展的文化逻辑的强加，蒙蔽了她与孩子在一起的快乐。她的孩子喜爱雷鬼乐，会聚精会神地注视所有人，还不断地以自己独特的方式上演各种小小的奇迹。随着拉尼尔逐渐意识到了这一点，她开始抗拒孩子的物理理疗师的常规做法：理疗师总是试图让拉尼尔的女儿和自己的身体对着干，从而看上去与其他小孩更加相似。拉尼尔意识到，女儿可以以自己的方式过上美好的生活，有自己的长处和局限。而她的职责是帮助女儿实现这一点，而不是去过某种想象出来的完美生活。

然后，追求完美的想法又以另一种形式溜了进来。人们
开始将她的女儿视作“上帝的一名特殊子女”，是会给他们 124
带来某种奇妙教义的神奇存在。拉尼尔必须学会抵御此类将女儿浪漫化为“天使”的想法。这里的问题在于，这些好心的朋友是在向她的女儿施加新的、不必要的负担，要以一种

新的方式将她塑造成完美的孩子。这种做法恐怕会导致她的女儿失去足够好的生活能够赋予她的那种混乱的复杂性。“我的孩子是一个人，就是这样。”拉尼尔总结道，“这就够了。”[39]

如果这就是足够好

正是得益于拉尼尔这样的故事，我相信“足够好的世界”这一愿景并非只属于那些过着舒适和相对轻松生活的人。不过有理由对这一愿景是否适用于一切环境提出疑问。我在前一章提出了这一问题：像我这样受到优待之人写作一本劝人将足够好作为志向的书，这件事有无道理？我尽自己的努力承认，对于我能说些什么，存在着严格的界限；而且也有理由让我作出让步，承认为了弥补过去的掠夺行为，一定程度的过度努力可能是必要的，但前提是其目的时时刻刻都需要服从于创造为了所有人的足够好的生活这一宏大追求。始于2019年的新冠疫情严酷地揭露了这一现实：在历史的大部分时间里，大多数人都无法过上美好和充足的生活。在这样一种状态下谈论足够好的人际关系，有意义吗？

某些深刻的历史记录证明了，想要回答这一问题并不容易。1958年时，意大利化学家、奥斯威辛集中营幸存者普里莫·莱维（Primo Levi）的《如果这是一个人》［*Si questo è un*
125 *uomo*，英文版书名为《活在奥斯威辛》（*Survival in Aus-*
chwitz）］出版了。该书开篇就是这句惊人的话：“直到1944

年才被遣送至奥斯威辛，是我的好运。”莱维的意思是，由于战争需要更多劳动力，像他这样较晚遭到遣送的囚徒是因为可以作为重劳力，才存活了稍长一段时间。这就是他“好运”的来源。不过，这句话也带有故意语出惊人的意味：就如何被投入集中营而言，难道真有“好运”可言吗？在我看来，莱维希望这一问题能延续下去。“如果这是一个人”是个实实在在的条件语句，是在控诉奥斯威辛集中营里贬低人格的状态，而不是在乞求获得认可。

莱维所记录下的，大多是“寻常的道德世界”在奥斯威辛集中营内崩塌的过程。[40] 当活下去的唯一方式，就是从周围人那里偷一块面包时，争论是要做个“道德圣徒”，还是做个大体正派的人，是毫无意义的。鉴于此，莱维停止了回忆，转而思考为什么自己要写这本书：“我们或许可以问自己，保留这样一种异常人类状态的任何记忆，是否是必要的或者是好的。”他的回应是：“任何一种人类体验都不是没有意义的或不值得分析的。这种根本价值，哪怕不是正面的，也能从我们正在描述的这一特殊世界中推演出来。”[41] 他不假思索地拒绝了这一想法：集中营里发生的事情，揭露了这一事实，即若没有文明，人性“根本上是残忍的、自私的、愚蠢的”。与之相反，集中营里所发生的事情揭露了文明本身某些独特的内容。在莱维看来，在正派的文明中，人们应确保弱者不会变得过弱，强者也不会变得过强。但在像他曾身陷其中的那类特定历史时刻，某种“残忍的法则……在横行无忌”。为说明这种法则是怎样的，他引用了《马太

126 福音》的一句话："凡是有的，还要给他；凡是没有的，都要拿走。"[42] 集中营就是按照这种方式运转的：少数"得救"的个人，正是那些得以幸存下去的人——而他们之所以能幸存，并没有真正的逻辑可言。他们无法帮助自己的同胞，即那些"溺亡者"——而他们之所以会不断倒下，遵循的也是同样荒唐的一套逻辑。在集中营里，人们不再是以社会形式联系在一起的人类了，而是变成了对某种偶然命运的记录者。

对于莱维而言，这意味着，如果说某人在奥斯威辛还能保持人类的身份，那么这只是因为，得益于某种恩典，此人能够继续假装（或者至少是相信），这一残忍的法则并未主宰一切。对莱维来说，他的朋友洛伦佐（Lorenzo）就是此类人物的化身。他在莱维已被关押了一段时间之后才被遣送至奥斯威辛。洛伦佐这个"天生的坦率好人"，令莱维对人性之善保留了一丝渺茫的希望。[43] 是什么使得洛伦佐免于陷入笼罩着集中营的苦难与匮乏，莱维并未明言。"这些页面上提到的人物不是人。他们的人性要么被别人埋葬了，要么被自己埋葬了，通过从别人那里遭受的或是施加给别人的罪行……但是洛伦佐仍是一个人……［而且］多亏了洛伦佐，我才没有忘记我自己也是一个人。"[44] 实在是不清楚，在奥斯威辛这样扭曲、严酷的环境里，令生命具有价值的那种基本的、正派的、寻常的善意如何才能得到维系。不过如果可能得到维系，方式之一想必在于美好的友情。

我们或许可以将莱维的说法应用于其他环境。我想，有

理由认为，在我们的世界上存在着如此恐怖的情境，这显然
算不上是足够好的，但尽管如此，在压迫之下体验到足够好
的生活的某些元素，仍然不是不可能的。事实上，假定这样
做是不可能的，会导致我们否认生活在这种状态下的人们有
着过上美好与有意义生活的可能。奥吉布瓦（Ojibwe）族作
家大卫·特罗伊尔（David Treuer）的《伤膝河的心跳》（*The* 127
Heartbeat of Wounded Knee，2019）一书，部分主题就在于此。
他的开场白是这样的：“［本书］是坚毅的、不感到难为情
的，是关于印第安人之生，而不是关于印第安人之死的。对
于大多数人来说，‘我们印第安人甚至也有生命，也曾在现
代世界生活过，受到现代世界的塑造，回过头来又塑造了这
一世界’，这竟然也是个新闻。通常被讲述的有关我们的故
事——或者不如说是有关‘印第安人’的故事——是关于其
规模缩小直至死亡的故事，始于无拘无束的自由以及与大地
的亲密结合，终于被视为无穷苦难聚集地的印第安保留
地。”[45] 特罗伊尔用约四百页的篇幅，向读者证明了为何对
于北美原住民生活的这种看法完全是错误的。过往要更加复
杂，当下则更具生机。的确存在着悲剧，但同样存在着创造
力、精明与成功。就个人层面而言，这包括意识到自己家人
的生命力：他的母亲，一名为奥吉布瓦人权利而斗争的律
师；以及他的父亲，一名犹太人大屠杀幸存者，他在生活于
这片印第安保留地时终于找到了归属感：“我是一个难
民……一个局外人。一生中，人们总在对我说我不够怎
样——我不够好，我不属于哪里。当我来到这里之后，我感

到回家了。我感到这里的人们理解我。”[46] 就民族层面而言，这包括像位于华盛顿州境内的图拉利普（Tulalip）这样的各个民族的事例。从 1855 年建立以来，该部落就和其他北美原住民实体一样，深受各种社会问题之苦。不过如今，通过富有创造力的共同实践与决策，当地已建立起了生机勃勃的社会民主主义自治政府，提供免费医疗、教育、托儿服务、各种退休选择，以及普遍性基本工资。特罗伊尔在图拉利普看到的“不仅是一个部落能够成为的样子……更是美国可能成为的样子”。[47]

存在着这样一种实实在在的风险：假如局外人认定，被压迫就意味着这些部落不可能过上足够好的生活，那么他们就无法发现这些人的力量与生命力。莱维和特罗伊尔等作家
128 努力表达的，正是这样一种微妙的平衡：既明确承认其处境的恐怖，又不抹杀生存于其间之人的力量。研究美洲奴隶制的历史学家同样在多年间进行着这一艰难的工作。尤其是自 1970 年代以来，以杜波依斯等人的研究为基础，历史学家们反驳了黑人在被囚禁期间表现被动这一惯常的假设，并展现了他们在过去曾忍受过，以及在当时发展出的复杂的文化与生活方式。[48] 在历史学家文森特·布朗（Vincent Brown）看来，这种重新定位使得历史学家“至少能够讲述更加丰富多彩的关于最弱小、最不幸者的努力如何不时地重塑世界的故事”。[49] 此类作品对这一倾向提出了质疑：如此执着于滔滔不绝地谈论奴隶制的恐怖，以至于我们忘记了人们—— 一代代人——的整个人生都是在这样的状态下度过的。[50] 布朗

和其他历史学家希望我们意识到：绝不是要为这样的状态辩护，但我们仍然能够以有意义的方式谈论这些状态下人们曾经的生活，以及他们试图为其赋予并传递给后人的价值。我在前一章中曾谈论过的民权运动组织者埃拉·贝克，就对此类故事塑造其世界观的重要作用表示了认同。因为拒绝了一桩包办婚姻，她的外祖母失去了在种植园主家中劳动这一有限的优待，她被赶回了田间，可能还遭受了更严重的暴力。但在黑人奴隶获得解放之后，她和她愿意嫁给的那个人成为社群里的模范成员。他们辛勤工作，为尽可能多的人提供食物与住所。贝克怀有的民主精神，对于人人都应享有尊严并拥有过上充足生活之权利的坚持，根基就在于这一类故事。[51]

在奴隶制被废除之后的非裔美国文化界，文学评论家、历史学家赛义迪娅·哈特曼（Saidiya Hartman）对于我们认识 129
20 世纪初贫穷、年轻的黑人女性生活的惯常方式提出了类似的质疑。[52] 这些人被当作怜悯的对象，但哈特曼却相信，我们应该将其认可为“社会畅想家和发明家”。[53] 有一次在进行档案研究时，她发现了一张令人不忍直视的照片。在这张照片上，一名年轻女孩赤裸着身体，为满足某些看客的快感，在马尾毛沙发上摆出了造型。哈特曼坚定地写道：“在我的想象中，她不是可悲的，也没有遭到毁灭，而只是一个普通黑人女孩。她的生活是由性暴力或性暴力的威胁塑造的。挑战在于找出幸存下来的办法，找出在无比残酷的环境中生活的办法，并且在贫穷与匮乏之中焕发生机。”[54] 哈特曼随后就如何才能做到这一点发表了看法：“凭借黑人的寻常之美。这种美存在于过上自由生活的决心之中，并激励着这种决心。这种美促使人们进行以不同方式生活的各种实验……这种美并非奢侈品，而是一种在封闭空间里开创可能性的方式，是一门维持生存的激进艺术，是对我们糟糕处境的欣然接受，是对强加给我们之物的改造。”[55] 认识不到这一点，就会导致这些女性再一次沦为受害者，就是在拒绝欣赏她们在令我们大多数日常抱怨相形见绌的环境下创造出来的美。

在结尾处，哈特曼将这两种现象联系到了一起。一方面，人们丧失了这种同情的鉴赏力；另一方面，人们的关注度总是集中在马丁·德莱尼和马丁·路德·金这样通过某种方式摆脱泥沼、成为伟人的英雄人物身上。然而，仅仅认可伟人，会导致我们无从发现这些女性畅想家美妙的言语及其世界。哈特曼重拾了她在提及照片中那名年轻女孩时曾使用过的短语：“封闭空间里的可能性”。她告诉我们，她这种想法的来源之一是“合唱”（chorus）一词的希腊语词源：在某个封闭空间里跳舞。[56] 阿提卡悲剧中的合唱常常与舞台上
130 的伟大英雄形成鲜明对照，这些英雄不可避免地会随着剧情的发展而倒下。当然，我们记住的是英雄的名字，我们传颂的是英雄的故事。然而，“合唱是讲述另一种故事的方式，不是伟大人物或悲剧英雄的故事，而是各种形态都参与其中的故事。在这样的故事里，没有首领的团体激励着变革，互助为集体行动提供了资源”。[57] 与彼此建立起联系，在彼此

身上发现有意义与光荣之处——要发展出这样的能力，就需要将视角从追求拔尖转移到我们的各种可能性上来，尽管他们曾遭到伤害，尽管他们正遭到压迫。在糟糕的世界上，足够好的生活的方方面面都是有可能实现的。为其存在作证，是我们肩负的一项道德使命。

一位足够好的总统？

之所以这样说，绝不是要为过去以及当前的悲剧开脱。也绝不是认为，既然哪怕在最糟糕的时代，任何人仍可以活得足够好，于是任何事情都是可以被原谅的。足够好的世界观认可这种可能性，但仍坚持自己的规范性地平线：创造一个为了所有人的既美好、在情感和物质上又充足的世界。我们在个人哲学或是人际关系层面上固然可以做一些事情，以推动我们朝着这一方向迈进，但如果不具备改革各项机构的政治意愿，我们能够实现的成就终归是有限的。

在美国历史上，最支持足够好这一人际关系价值观的领导人或许非奥巴马莫属。在其回忆录《我父亲的梦想》（*Dreams from My Father*，1995）中，奥巴马表达了对于过度追求的强烈怀疑。抵达纽约之后，他便对“追求更多”这一无止境的欲望感到了失望：“更昂贵的酒店，更精美的套装，更具排他性的夜间娱乐场所。”[58] 他告诉我们，这一失望情 131
绪不只关于道德问题，还具有政治性：“在喧嚣背后，我看见世界正被不断撕裂……就仿佛一切中间立场都彻底崩塌了。”[59]

为了在这个撕裂的世界中找寻意义，奥巴马转而追求足够好的人际关系。有一次在巴塞罗那，作为一名幻灭的孤身游客，奥巴马遇到了一名友善的塞内加尔男子。他们语言不太通，但这名男子仍提出要请他喝一杯咖啡。奥巴马对于此次偶遇的意义，以及其心中徘徊不定的渴望感到困惑，“直到我确认了这一事实：这名来自塞内加尔的男子请我喝咖啡，还送给我水，这一幕是真实的，或许这就是我们有权期待得到的一切：萍水相逢，有着相同的故事，以及表达善意的微小举动”。[60] 奥巴马相信，微小的友善之举是有价值的。他将这种信念带入了政治生涯之中。在2004年民主党全国大会上的标志性演讲中，奥巴马表示，“美国的真正天赋”不体现在摩天大楼、强大军力或物质财富之中，而在于“对简单梦想的信念，对微小奇迹的坚持。在于这一点：在晚上，我们可以为孩子掖好被子，确信他们已经丰衣足食、不会受到伤害”。[61]

然而奥巴马似乎认为，只有通过追求伟大，才能确保足够好的生活有可能实现。在民主党全国大会的演讲中，他在发表上述评论之前曾表示：“今夜我们聚在一起，是为了确认我们国家的伟大。”[62] 此外，他在四年之后的就职演说中也表达了类似的意思：“通过重新确认我们国家的伟大，我们认识到，伟大从来不是被赐予的，而必须是赢得的。”[63] 奥巴马肯定会认为，美国并非始终都赢得了自称伟大的权利，但他依然相信目标就在于成就这个国家的伟大。问题是，旨在成就伟大的国家不可避免地会排斥、误认，以及残酷地压迫那些被认为未为这一“伟大”出力之人，或者干脆这样对待那些不是这个“最伟大”国家公民之人。奥巴马希望解决“世界正被不断撕裂”这一问题。但如果美国对伟大的追求正是催生这种现象的原因，那么奥巴马为何还要退回到追求伟大这一套话语之中呢？当然存在与具体情境相关的理由，尤其是这一事实：奥巴马必须与严重的、不可饶恕的种族主义作战。这种种族主义态度在声称奥巴马不是美国人，甚至与美国背道而驰等言论中表现得尤为明显。这向他施加了特殊的、不恰当的压力，迫使他确认主流价值观。[64]不过我认为，还存在着与他本人相关的理由。 132

当然，在此我关注的并不是奥巴马使用了“伟大”一词，而是追求伟大这一意识形态在其政府中有何体现。在《精英的傲慢》（*The Tyranny of Merit*）一书中，桑德尔对乔纳森·奥尔特（Jonathan Alter）、托马斯·弗兰克（Thomas Frank）以及尼尔·巴罗夫斯基（Neil Barofsky）等通俗政治作家对这一问题的研究进行了精彩的概述。[65] 他们全都指出，奥巴马政府的人员构成反映了唯才是用方法的信念，其中大批成员是毕业于常春藤盟校的专业人士，以及来自大企业的领导人物。正如桑德尔所指出的，理论上选择这些人并没有错，但美国政治的历史经验却表明，依靠这些“出类拔萃的人物”是愚蠢的。毕竟，这一短语正是大卫·哈伯斯塔姆（David Halberstam）一本书的著名标题，而这本书的内容则是，一批类似的精英思想家是如何通过错误的决策，令美国陷入越战泥沼的。就奥巴马政府而言，这样做的后果虽称不上灾难，但仍是个严重的错误。

作为总统，奥巴马的首个重大举动是应对“大衰退”所造成的持续破坏。在等待入主白宫期间，他面临着一种选择：要么专注于支撑住从里根、老布什、克林顿和小布什那
133 里继承来的极度不平等的基本经济结构；要么改变方向，就如同富兰克林·罗斯福在上一次经济危机期间所做的那样，以及在我写下这些话时拜登在一定程度上试图做的那样，令美国经济朝着更为平等的形态迈进。奥巴马选择的是不平等的那条路。[66] 关于他为何会这么做，存在着多种说法不一的解释，包括：他大体上接受新自由主义经济学；他渴望争取到共和党的支持；以及最为大度的一种看法，即重新确立旧经济体制可能才是帮助人人过上稳定生活的最佳路径。[67] 所有这些原因都是可能的，但这一说法同样成立：追求伟大这一根本导向对于奥巴马作出这样的选择发挥了关键作用。正如弗兰克所言：“奥巴马在许多方面都顺从于华尔街，这是因为投行代表着几乎无与伦比的专业地位。”用巴罗夫斯基的话来说就是：“某些金融高管是具有超凡天赋的超人，他们配得上惊人报酬与红利中的每一分钱——这则华尔街神话在奥巴马财政部的心里已是根深蒂固。”巴罗夫斯基继续表示，事实上这一观念是如此牢固，以至于这一事实也无法起到任何作用：刚刚导致经济崩溃的正是这同一批人。[68] 在接下来的八年间，这些高管还将一而再、再而三地拒绝对在经济复苏过程中遭到忽视者施以援手，这导致奥巴马的党

派在选举中不断遭遇失败，进而为特朗普的崛起铺平了道路。然而，当奥巴马开始为卸任总统之后的生活做打算时，他又找到了硅谷高管和麦肯锡咨询公司，请他们为自己接下来应做些什么出谋划策。[69]

对于我们自己以及我们的人际关系而言，做到拔尖看上去或许是通往足够好的生活的最佳路径。然而正如我们所看到的，事实上这样做反而会破坏这一目标。对我们的政治与经济生活而言，情况同样如此。现代美国的政治-经济格言向来是，政府应该尽可能推动经济不受限制地增长，因为这 134
种增长不可避免地会帮助社会中的每一个人。哪怕不平等程度加剧了，也没有关系，因为底层人民的处境依旧会比经济增长不曾发生时有所改善。正如我在下一章中将要讨论的，这一论点的问题在于，就事实而言，它是完全错误的。不平等会阻碍经济增长，并引发社会动荡。一切形式的以伟大/拔尖为导向的观念都声称，自己能创造出一个更美好的世界。但经验告诉我们，所有这些说法都是虚假的。在分析奥巴马的经济复苏计划时，经济学家保罗·克鲁格曼（Paul Krugman）总结称，奥巴马的工作做得很好，它的确有助于稳定经济；但就实实在在地为整个国家乃至世界塑造更好的经济生活而言，他做得“并不够好”。[70] 那么，关于我们经济生活的足够好的愿景，看上去会是怎样的？

第四章
我们的世界

135 假定你开始读这本书时，心存怀疑；但此时你读完了最初的几章，决定要以“足够好”这一理念为导向，重组自己的生活。（我知道自己的说服力并没有这么强，不过为了展开论证，姑且这么假定吧。）你不再渴望成为最出色的人物。不止于此，你还看透了认为存在着“最好”这样一回事的想法是多么荒唐。你开始承认生命中苦难与局限在所难免，不再总是试图将其转变为积极的教训。你认识到自己是相互依赖的世界的一部分，当与其他人的行为形成互补时，你本人的行为将引发最深刻的共鸣。为实现这一点，你开始尝试专注于促进并参与为了所有人的美好与充足的世界。你学会了从深刻的日常生活以及充满意义的简单友善之举中汲取力量。你重新调整了育儿、恋爱、交友的目标，不再渴望身处了不起的人物之间，转而认识到“和”与“不同”同样具有价值。

可是，此时你遇到了一个问题。你身边的所有人依然在为做到拔尖而奋斗。他们真的很欣赏你淡泊的新人生态度以

及高深的人生哲学，他们也真的希望找时间听你谈论这些内
容。但鉴于他们必须在六年内写出十本书，才有机会谋得一 136
席教职；必须精进大提琴演奏技艺，才能指点孩子；必须同时打三份工，才能养家糊口，看上去几乎要等到十年之后才有可能“找出时间”了。此外，既然其他人都如此忙碌，你自然也无法找到你愿意成为其一部分的那个足够好的世界了。这样一来，除了重拾争斗、焦虑和沮丧这些旧习惯，你还能做些什么呢？

“足够好的生活”的逻辑是以我们根本的相互依赖性这一事实为基础的。这意味着，在以追求伟大/拔尖为导向的社会里去过足够好的生活，是极其困难的（正如我在上一章中指出的，哪怕在最为严酷的环境里，人们也能想方设法地实现其中的某些元素）。每年当我在课堂上欢迎新一批大一新生时，我都能感受到这种普遍存在的困境。我听见他们谈论自己对于雕塑如何充满了热情，但还是会选择学习“金融工程”；或是他们真的多么在意不平等，于是便计划赚尽可能多的钱，来帮助改变当前的状况。这种追求经济成功的动力是难以遏制的。毕竟，在严重不平等、“赢者通吃”的经济环境下，如果你不努力登上经济金字塔的顶端，你就可能长期处于捉襟见肘的境地。然而正如我此前提到的，当我向学生们描述本书的研究计划时，他们看上去都要比谈论宏观经济学习题集时，或是谈论在华尔街争取实习机会所面临的竞争压力时，激动和兴奋得多。我们中的许多人凭直觉就能认识到，生活在足够好的社会中，将对所有人都有益。然

而，从此处出发，我们如何才能到达彼处？

讽刺的是，在工业化资本主义社会中，最为常见的答案是，我们需要通过成就少数人的伟大，来实现为了所有人的足够好的生活。正如我在下文中将要讨论的，这是自由主义
137 传统的基本观点（自由市场经济学这一意义上、而非政治学意义上的自由主义）。从亚当·斯密，到弗里德里希·哈耶克（Friedrich Hayek），正如我们在上一章结尾看到的，甚至还包括奥巴马，都属于这一传统。其基本论点可以被概括为这种说法：尽管对巨大财富的追求会催生严重的不平等，但无论如何这都会全面提升普遍生活水平。在美国，这种说法受到了著名的“库兹涅茨曲线”（Kuznets curve，1955）的支持。根据这条曲线的预测，资本主义增长将促使不平等上升到一定程度，随后趋于平稳，然后开始下降，哪怕经济增长仍在继续。用肯尼迪的精炼语句来说就是：“水涨众船高。”但问题在于，一旦数据变得更充分，这种说法就被彻底证伪了。[1] 水涨的结果和我们预料的一模一样：游艇、战舰被高高托起，家庭小木筏和个人独木舟则没入水中。

当然，对于许多政治左翼人士而言，不需要凭借大量数据，也能证明马克思等人早就论证过的内容。根据这一观点，尽管资本主义的确要优于此前的大多数经济制度，但它仍是一种具有残酷性、剥削性和异化性的制度。在这一制度下，能够获得资本者可以通过剥削他人的辛苦劳动赚取利润。由于资本家的首要目标在于不惜一切代价获得经济收益，资本所有者便会展开恶性竞争。他们不断试图找到尽可

能低廉的劳动力、尽可能便宜的设备，以及负担起尽可能少的责任。人们不必身为贪得无厌的资本所有者就能发现，假如你给员工支付优厚的工资，而街区那头的资本所有者却不这样做，那么这些人所生产的产品价格就会更低廉，就可能将你的生意挤垮。（尽管也存在这样一种可能性：由于离职率居高不下，你的生产成本会上升；而街区那头店铺的员工因为更健康、更开心，工作起来也更有干劲。）通过资本主 138
义制度来追求经济增长，还会导致许多其他问题，例如不平等、环境破坏、空手套白狼的投机行为以及某些致命的习惯做法［想想埃克森（Exxon）、贝尔斯登（Bear Stearns）和普渡制药（Purdue Pharma）等公司吧］，都会得到助长并被合法化。[2] 理论上，通过适当的监管、劳工组织以及法律约束，资本主义能够应对这一问题。但问题在于，当如此巨大的财富集中在如此少的人手中时，政府机构就很容易被富有的利益方掌控。经济上的富豪统治（plutocracy）不可避免地会破坏政治上的民主制。政治学家已证明，富豪的议程压倒其他任何人政治诉求的频率，是高得惊人的。有些政治学家甚至声称，与其将美国视作民主制国家，不如视其为寡头统治（oligarchy）或富豪统治的国家。[3] 这并不意味着资本主义——对于描述可能存在的、各不相同的、由市场驱动的经济形态而言，这一术语过于宽泛了——必然会催生这些问题，但对某些人而言，当前其永无休止的竞争与逐利动力却意味着，我们所知的资本主义制度是与少数人成就伟大、多数人处境艰辛这一现象紧密相连的。所以至少，我们当前的资本主义制度是与足够好的生活南辕北辙的。[4]

对于试图克服这一制度的人来说，不幸的是，在20世纪的俄国所发生的、现代历史上创造一个更加平等社会的首次重大尝试，是一次灾难性的失败。关于这一失败的原因，存在着许多激烈的争论。[5] 需要记住的是，支持经济更加平等的作家，也正是对俄国事态发展最先提出批评的人士之一。例如，革命社会主义者罗莎·卢森堡（Rosa Luxemburg）在原则上对俄国革命抱有高度热情，但她也对列宁和托洛茨基将专政合法化的做法提出了激烈的批评。早在1918年，
139 她就对自由仅限于新政权的支持者这一事实表示了谴责：“只有政府的支持者，只有某个政党的成员——即使其人数可能众多——才能享有的自由，根本不是自由。自由永远是，也仅仅是有着不同想法者的自由。”[6] 与此同时，自由社会主义者伯特兰·罗素（Bertrand Russell）在革命之后不久访问了苏联，他也相信这一事件的世界-历史潜能，但对其发展轨迹表达了不安。他预言称，苏联将变成一支帝国主义势力，成为一场“持久的世界大战”的参战方，并且最终会向资本主义势力臣服。所有这些都成了现实。[7] 可见，罗素和卢森堡清楚地意识到了苏联的问题在于专政，而不是令经济更加平等的许诺。[8]

苏联为何实行专政，原因有很多，不过某种形式的对伟大的追求可能再次发挥了作用。突出的一点在于，苏联等国在极大地缩小了物质不平等的同时，加剧了赫希所谓的地位不平等。就可以获得的数据而言，1917年至1989年，经济

不平等程度显然大大缩小了。然而，其权力却高度集中于少数领导人手中，特定商品、度假地以及迁徙自由则仅限于精英层享有。许多糟糕的决策之所以会出台，是因为决策者人数过少，投入的精力过于有限。[9] 换句话说，苏式共产主义从未在社会秩序层面上彻底解决追求伟大这一问题。[10] 要想理解为何当前世界充满了追求伟大所催生的不平等以及破坏行为，我们就需要既解决经济问题，也解决此类社会问题。事实上，我们必须克服作为现代经济思想核心内容的这一社会愿景，即围绕着对伟大的追求构建社会。

当然，社会中许多追求伟大的思维不只与经济有关，还 140
与社会秩序有关。我们所处的这个世界，还保留着认为某些性别、某些种族以及健全的身体更为伟大的意识形态，所有这些现象同样需要被克服。你可能会提出这一合理的疑问：为何这一章要专注于总体经济问题，而不是与种族、性别、健全程度以及其他身份要素相关的、不断加剧的不平等问题。首先需要指出的是，这些问题都不是孤立的。对此，新冠疫情再次起到了为社会拍 X 光片的作用，揭露了它在保障人人都能过上足够好的生活方面的失败。疫情最初几个月的数据表明，在美国，高感染率、高致死率以及经济窘迫等现象，均不成比例地集中出现在黑人、拉丁裔和原住民等群体身上。[11] 许多欧洲国家也表现出了类似的种族差异。[12] 在新加坡和某些中东国家，遭受病毒感染和经济窘迫沉重打击的，同样是来自孟加拉国等更贫穷国家的外来劳工。[13] 就全球而言，女性在经济上承受了不成比例的更大损失，部分原因在于她们常常被认为应为了照顾孩子和家人而放弃工作，另外部分原因则在于，家政和老年人看护等遭到疫情沉重打击的行业，从业者大多为女性。[14]

危机暴露了这些趋势，但并非其成因。我们的经济制度是建立在这一理念基础之上的：某些经济活动（例如高级金融）要比另外一些经济活动（例如送外卖、照顾病人与老人）更有价值。在有着漫长种族主义历史的国家，从事价值较高经济活动的主要是身体健全的白人男性，或者其他强势种族或族群成员，这绝非偶然。这一制度生来就带有种族歧
141 视、性别歧视和残疾歧视的烙印。例如，政治学家塞德里克·罗宾逊（Cedric Robinson）曾提出，现代资本主义脱胎自欧洲内部的种族主义历史。鞑靼人和斯拉夫人（“奴隶”一词就源自其名称）被视为劣等人，因而可以被当成无偿和可奴役的劳动力。[15] 这种早期种族主义催生的基本结构日后将被强化和扩充为新世界的奴隶制度，其受害者当然主要是非洲人，但也包括美洲原住民以及这些较早期的欧洲族群［在种族等级次序中，和迟来的亚洲移民一样，如今他们已上升至“契约劳工”（indentured servant）的地位］。[16] 我们当前的经济制度是否还需要种族分化，这是个尚未定论的问题。[17] 但至少，这一制度需要一群地位卑微、工资微薄、遭到轻视的劳动者；而为了给他们的处境正名，这些人的人员构成常常会与某些种族相对应。此外，相对明确的一点在于，现代资本主义制度是通过其种族分化锻造出来的。正如历史学家沃尔特·约翰逊（Walter Johnson）所言：“不存在没

有奴隶制的资本主义：没有密西西比的故事，曼彻斯特的故事就永远不会发生。”[18]

若没有女性的无偿劳动，许多经济增长也不可能发生。与 1970 年代的“为家务发工资”运动（Wages for Housework Movement）有关联的女性主义学者，如玛丽亚罗莎·达拉科斯塔（Mariarosa Dalla Costa）、塞尔玛·詹姆斯（Selma James）和西尔维娅·费代里奇（Silvia Federici），认为现代资本主义积累是建立在将女性劳动的作用神秘化这一基础之上的。不受奴役的体力劳动者至少还会因其生产获得报酬，而女性的再生产劳动——生育将进入工厂劳动的人口——却从未获得补偿。正如费代里奇所言，资本主义将女性的劳动神秘化，视其为一种“自然资源或个人服务，同时从这些劳动的无偿状态中获利”。[19] 这是一个认知问题，是一个关于什么样的劳动会被看见并赋予价值，什么样的劳动又只不过会被当作 142
理所当然的问题。近来，经济学家妮娜·班克斯（Nina Banks）提出，过去一个世纪内，通过提供被国家忽视的那些服务，黑人女性的劳动为经济增添了未受到认可的非市场价值。她表示，对性别、种族与经济进行交叉分析，不仅将促使家务劳动获得认可，还将使得这种社群行动主义获得认可。[20]

残疾人权利活动人士进一步提出了这一问题：当前的经济秩序要如何对待那些无法以与其他人相同的方式从事生产的人？封建社会固然有着许多令人不安的元素，但历史学家却相信，这些社会可能更好地接纳了残疾人。由于目标并不在于最大限度地生产，因此很可能存在让残疾人按照不同速度、根据不同能力，参与社群生产以及再生产的方式。随着工业资本主义对劳动要求的提高，在社群生活中能找到活儿干的残疾人，突然遭到了排斥。对残疾人的排斥及其制度化，就始于这一时期。[21] 正如残疾人权利活动家、学者玛尔塔·拉塞尔（Marta Russell）与拉维·马尔霍特拉（Ravi Malhotra）曾提出的，这不仅是对残疾人的排斥，更是一种商品化的做法。最终，各种看护机构变成了追逐利润的生意——常常通过提供劣质看护服务、由纳税人买单的方式谋利。[22] 此类转变及政策的结果就是，与其他人相比，美国残疾人生活在贫穷之中的可能性要高三倍，更不必说他们还不得不面对社会的排斥与污名化了。[23] 这种局面不只是资本主义的“地方性流行病”，更是任何一种将人的价值与经济生产画等号的生产主义心态都会染上的疾病。[24] 拉塞尔和马尔霍特拉认为，残疾人本身就是对将一切人类价值简化
143 为特定形式的劳动这一经济制度的强有力批判。他们写道：“就业能力、赚钱才能，乃至在业余时间选择做些什么，并不是衡量人生意义、衡量成为人类一员之意义的先验标准。”[25]

这些学者与活动家向应对此类问题的常见方式发起了挑战：向前进的最佳方式就是将更多人纳入当前的经济制度之中，以确保所有人，无论种族、性别和健全程度如何，都能获得相同的机会，争取成为社会的赢家。事实上，如果我们跟随这些作家的脚步，真正将问题想清楚，就会发现这一论

点问题多多。种族资本主义的挑战不只在于种族主义，还在于当前的经济秩序能否在离开了某种下等阶层的情况下照常运转；如果不能，是否会以某种种族化的方式，来说明谁理应成为该下等阶层的一分子。女性主义的挑战不只在于将女性纳入工作场所之中，还在于提出这一问题：当前是否存在某种经济模式能够恰当地衡量育儿、料理家务，以及照顾家庭与社群的价值，无论从事这种劳动的人性别如何。残疾研究的挑战不只在于克服对于某人能力的负面假定，还在于这一点：如果经济制度只会为特定种类的劳动支付报酬，那么社会秩序是否可能促进一种更有意义的、对于所有人价值的认可。

为应对这些挑战而战斗，将使得我们再次认识到促进为了所有人——无论其当前的身份或阶层地位如何——足够好的生活的价值。以本书到目前为止所阐述的“足够好”这一规范性价值为基础，我们可以认为，足够好的对待社会-经济秩序之道应该以下列原则为基础：（1）承认作为有意义的社会中相互联系的各个部分，不同种类的劳动都具有价值；若没有其他种类的劳动，任何一种劳动都将不可能进行（没有清洁工，就没有总统）；（2）使得人们更多地为了任务本 144
身（例如精湛的技艺本身）而奋斗，而不是为了财富或仅仅为了生存而奋斗；（3）确保无法以传统形式参与劳动者受到尊重，过上美好且有品质的生活；（4）采取具体措施纠正过去的剥削，不是通过报复手段，而是通过细致入微的关注帮助人们融入足够好的生活，这可能需要关照那些无论出身于什么样的背景、此前不曾占有任何优势者，或是在阶层地位方面虽已实现平等、但仍遭到侮辱者；(5) 依靠每个人的才能，以合作的方式，而不是在惩戒性国家或垄断公司的命令之下，参与其中；(6) 通过吸纳更多人以及更多技术，使得我们每个人都可以减少工作量，从而实现既富足、又闲暇的局面；(7) 理解并赞赏这一点：这一制度的结果仍将是不完美的，某些不平等仍将存在，某些失败仍将发生，但这些不平等将是有限的，这些失败将由所有人共同分担，正如经济复苏期间取得的任何成果都将由所有人共同分享一样。

这样的解决方案可能需要一种多元主义的行事方式，为合作制企业、政府机构以及私人动议提供空间。我们已经万事俱备，只需要对其予以改善和重构。我们促成的非凡的科技革命，将令任何怀疑我们无法创造出公平且正义的世界的声音被一扫而空。既然我们在外太空领域能有所创新，那么如果我们能够运用同样的精力与想象力，我们就能创造出为了所有人的足够好的生活。需要全方位的监管，以确保人们不会跌至美好生活的最低标准以下，并确保人们不会跃居较低的天花板之上，聚集起过多支配他人的权力。我们可能并非都身处同一间房间里，但我们至少应该分享同一座足够好
145 的房屋。尽管这看上去可能像是个遥远的梦想，但我相信事实上我们要比自己认为的更加接近于实现它。不过，仍然存在着阻碍我们的巨大障碍。

扣针的路径

以伟大为导向的经济将令所有人获益——这一理念的重要源头在亚当·斯密的作品之中。斯密在《国富论》的开篇写道："在治理良好的社会中，各种劳动分工导致的生产力大幅增加，会带来普遍富裕，并惠及最底层人民。"[26] 尽管斯密与当代资本家常常声称的观点其实相距甚远（注意"治理良好的社会"这一表述），但其基本的正名理由是同一个：如果我们把蛋糕做大，就会增进"普遍富裕"，并像惠及其他所有人一样，惠及"最底层人民"。在斯密看来，要想以恰当的方式做大蛋糕，就需要适当的劳动分工，也就是说，以合乎逻辑的方式对某个产业进行拆分。斯密的著名例子是扣针制造业。扣针工人如果一人完成所有工序（拉直、切裁和打磨铁线；做圆头；装圆头；给圆头涂色，等等），那么每天只能做出几枚扣针。但通过对任务进行拆分，据说扣针工厂每天能生产出约五万枚扣针。

要确立这种分工，还需要实现不同类型工人的区分，以及资本与劳动的区分。例如，首先是某个或某些发明家发明了扣针这种东西；接下来机器制造商会生产切裁与打磨铁线的机器；土地所有者则会指导扣针制造厂房的建设。最后，146
投资者会筹集资金，购买机器，雇用工人，然后生产并销售扣针。

不过，这一分工过程只能解释现代经济增长的一小部分内容。它尤其忽视了女性的无偿劳动，对殖民地资源的掠夺，以及奴隶贸易。经济增长的总体逻辑众说纷纭，不过合理的解释还会将对于“自然资本”——资源开发与能源使用——日益增加的使用包含在内。有些经济学家甚至提出，与现代资本主义的任何特征相比，来自煤炭与石油的“看不见的劳动”能够对如今的财富作出更好的解释。[27]

抛开斯密论证的因果关系中的这些局限不谈，他并非没有意识到这一事实：劳动分工催生了紧张关系。他担心工厂主会过度驱使其工人，导致他们筋疲力尽。[28] 当时的法律禁止成立类似工会的组织，并未规定最低工资，但允许工厂主串通一气以压低工资。他对这些法律也持批评态度。[29] 他向我们表示：“如果社会的绝大多数成员都身处贫穷与痛苦之中，那么这样的社会是不可能繁荣和幸福的。”[30] 如果斯密生活在今天，他既可能成为一名声称遵循着斯密教义的新自由主义经济学家，也可能成为一名社会民主主义者。不过他那套自上而下的逻辑依旧构成了当下经济世界的大部分支柱。按照他的逻辑，这套迫使工人挣着只能勉强维生的工资，却要一辈子从事切裁铁线这一单调且艰辛工作的制度，依旧要优于其他任何经济结构，原因就在于总体财富将因此增长。是的，某些人可能过上富裕与闲暇的好日子，其他人则要劳累终生，但少数人的富足终将惠及其他所有人。

斯密用“看不见的手”这一著名形象来说明，这种情况
147 是如何发生的。在《国富论》中，他在讨论国内贸易与国外贸易时对这一概念作出了解释。斯密认为，除了某些重要的

例外，拥有资本的人往往更青睐投资国内工业而非外国工业，因为前一种投资花费的时间更少，更值得信赖，而且在本国也更容易诉诸法律。[31] 因此，当资本家在国内投资时，他们不是为了帮助发展本地经济，而是为了自己的利益。斯密由此得出了这一著名的结论："他指导这种工业去使其产品具有最大的价值，他这样做只是为了他自己的利益，也像在许多其他场合一样，他这样做是被一只看不见的手引导着，去促进一个并不是出自他本心的目的。"[32] 斯密认为，个人出于善意的尝试，或是国家出于公共利益的管制，只会抑制资本的总体增长。而且请记住，据说正是资本的增长将改善所有人的处境。

不过，这并非斯密提及"看不见的手"的唯一场合。在其较早的作品《道德情操论》（*The Theory of Moral Sentiments*，1759；斯密于1790年对本书作出了修订，但仍坚持其结论）中，这一概念发挥着更具枢纽性的作用。只熟悉《国富论》的读者，对《道德情操论》开篇的这些话可能大吃一惊："无论人被认为是多么自私，在他的本性中显然都存在着某些原则，会令其对其他人的命运感兴趣，令其他人的幸福对他而言是必要的，尽管除了看到这一点时会感到快乐之外，他从中不会得到任何东西。"[33] 隔了几页，斯密进一步强化了这一论点："人性之尽善尽美，就在于克制我们的自私心，同时放纵我们的仁慈心；而且也只有这样，才能够在人与人之间产生情感上的和谐共鸣，也才有情感的优雅合宜可言。"[34] 拜托再说一遍？亚当·斯密最著名之处在于告诉我

148 们，我们自私的追求将改善所有人的境遇。但他在这里表达的却是截然相反的观点。对此，我们该作何理解？

这一看似矛盾之处，正是斯密那复杂的人性理论的核心内容。正如我在第一章中曾提到的，在斯密看来，我们生活中的根本欲望在于被爱。[35] 于是我们会付出大量的精神劳动，试图弄清楚如何才能获得爱。我们关注着周围的世界，观察谁被爱着，谁又令人既爱又恨。我们从这一过程中通常会得出的结论，对于发展仁慈心而言是不利的：“富人和大人物比智者和有德之人更有力地吸引了世人尊敬的目光。”[36] 但斯密并不认为这是件好事：“这种钦佩乃至近乎崇拜富贵之人的倾向……是败坏我们道德情感的最重大且最为普遍的原因。”[37] 不过斯密认为，人类本性就是如此。

于是，斯密便需要解决一个问题。人类需要被爱和被尊重，胜于其他一切。在世人看来，存在两条通往爱与尊敬的路径：智慧与美德，或者财富与受人尊崇的地位。理想的路径是前者，但最易于识别的路径是后者。这样一来，问题便成了双重的，因为后一条路径不仅会导致我们远离过上文明、和谐、高尚的生活这一目标，还会通过“败坏”本应令社会凝聚在一起的那种道德情感，而破坏这一目标本身。（看上去斯密可能会赞同我在前一章中曾讨论过的弗雷德·赫希的观点：追求在经济领域做到拔尖，导致我们迫切需要“好撒玛利亚精神”，但这种做法恰恰会摧毁这种精神。）斯密并不认为这是哲学家的特殊创见。他相信，所有人在一定程度上都知道，无论对社会而言，还是对追求这些目标的人

而言，受人尊崇的地位与巨大的财富都是一股败坏人心的力
量。但尽管如此，我们往往还是会忘记这一点，专注于财富 149
与权势带来的庸俗快乐，由此赞赏大人物，并渴望变得像他
们那样。[38] 在这样的形势下，应该做些什么？

正是在这一时刻，斯密提出了“看不见的手”这一概念。尽管追求伟大会败坏社会道德，会令个人产生无穷无尽的焦虑，但这种做法“唤醒了人类的工业并令其保持持续运转”。[39] 这句话是理解斯密将在《国富论》中所提出观点的关键。作为整体的社会需要增加总体财富，从而为我们带来舒适、优质的生活。但根据斯密的（并不准确的[40]）历史观，如果在我们的社会形态下，我们真的考虑怎样去增加财富，怎样承受追求伟大的负担，那么我们将永远无法实现这一目标。追求伟大会败坏我们的心灵，撕裂我们的社会肌理，但我们需要通过它来提升总体生活质量。斯密的解决方案相当于认为，在追求伟大这只“看得见的手”采取各种可怕的行动之时，“看不见的手”会给所有人带去进步，因为哪怕富人的举止如同傻瓜一般，不顾及寻常的体面，哪怕他们贪婪地囤积土地和财富，他们这样做时，也总会把一定量的财富返还给其他人。斯密表示，毕竟他们虽能拥有无限的土地，但无法吃光土地产出的所有东西。此外，在“追求伟大这一经济制度”下，用过剩的商品和资源购买“花哨的饰品”，以此来炫耀自己的成功，要比将其隐藏起来更加令人愉快。因此，富人和大人物受到“一只看不见的手的指引，对生活必需品作出分配。这种分配与土地被平均分给所有居

民时的分配状况几乎一模一样”。[41] 通过这种行为，他们还获得了更多非必需的快乐。

斯密用有利于底层人民的精神不平等来为这种有利于大人物的物质不平等辩护。在这种方案下，所有人都将获得自
150 己所需要的。拥有过剩商品的人，也有着过量的焦虑情绪，付出了过量的劳动；拥有较少商品的人，则将拥有更多“构成人类生活中真正幸福”的东西。[42] 有这样一则著名的故事。亚历山大大帝（Alexander the Great）走近犬儒哲学家第欧根尼（Diogenes the Cynic），询问自己这位将军是否能为他这位哲学家做些什么。第欧根尼请求他走开，不要遮住自己的阳光。斯密这句话暗指的正是上述故事：“在大路旁边晒太阳的乞丐拥有的安逸，国王需要通过战斗去争取获得。”[43] 斯密不希望世界变成现实中的样子。他希望智慧、美德与“仁慈心”能占据主导地位。但他意识到了，世界的目的并不在于促成这种局面，于是他便尝试选择另一条路径。如果我们无法阻止人们尝试做到拔尖，至少我们可以设计出市场与劳动分工这样的社会机构，来帮助确保对拔尖的追求事实上有利于我们所有人。斯密本希望克服对伟大/拔尖的追求，但他却与之做了一笔浮士德式的交易。于是，对伟大/拔尖的追求便把我们都变成了犬儒哲学家。

关于斯密那追求伟大的“看不见的手”，还值得停下来谈谈最后一点。我在前文中曾指出，《国富论》中斯密捍卫这一理念的章节，内容是关于资本为何更青睐国内市场的。但斯密并未预料到，对于资本而言，有朝一日国际贸易会变

得更加诱人。这不可避免地将意味着本国曾一度稳定的工作岗位，将转移到其他国家。斯密曾考虑到，这种情况可能引发严重的骚乱，但按照其理论的预测，实际上没有什么需要担忧的。“本国的资本量仍将保持不变，对劳动的需求可能保持不变，或者非常接近于保持不变，尽管可能体现于不同的地点，针对不同的职业。”[44] 正是这一基本理念使得当代许多政客和经济学家对于全球化的后果毫不担忧，或是声称那些因工作岗位转移至较低收入国家而失业、对此愤愤不平 151
者只不过是不识大体。[45] 反对特朗普的自由市场保守派人士之所以拒绝承认，在自己主张的政策与特朗普胜选之间存在关联，原因也正在于此——尽管数据明确显示，在那些因《北美自由贸易协定》（NAFTA）或给予中国的长期贸易伙伴地位而失去工作岗位的县，特朗普的得票率要不成比例地高。[46]

不过，如果有人对 2016 年的选举结果感到吃惊的话，那也仅仅是因为这些人未熟读过历史。卡尔·波兰尼（Karl Polanyi）对于导致纳粹主义和法西斯主义肆虐的那些政治经济原因的观察，堪称最敏锐的观察之一。很早之前，他就发现与今日相同的动态机制在当时也发挥着作用。[47] 他在 1944 年写道：“仅仅因为长期来看，经济影响可能不值一提，就预期某个共同体会对失业的痛苦、工业与就业机会的转移，以及与之相伴的道德与心理折磨无动于衷，是荒谬的。”[48] 这一荒谬的假定正是导致威权主义在两次世界大战之间兴起的核心原因。从那以后，经验与历史研究都一再确认了波兰尼的这一发现：市场催生的不平等会引发文明层面的危机。[49] 解决方案同样早已为人所知：拯救民主制度之道，在于实现物质与地位平等。对自己的生活掌握话语权的人，其努力会获得有意义的回报、其过失会得到适当理解的人，对于邻居与陌生人的正派能抱有基本信任的人，是不容易被煽动者蛊惑的。此外，当各民主国家能够与他人展开合作、并不必害怕会遭到抨击时，民主制度将蓬勃发展；当这种平等为各个国家共同享有，而不只是局限于国境之内时，它能够发挥的作用也将达到最大。要接受这一基本真理，就要抛弃本国对伟大的追求以及在经济领域做到拔尖的追求，并且认识到，只有建立在为了所有人的美好与充足生活基础上的全球团结，才是通往和平与安全的最佳路径。

通往奴役之路

152 第二次世界大战结束之后，一时间进步经济学似乎已经赢得了理念之争的胜利。1974 年时，新当选的英国保守党党魁玛格丽特·撒切尔发现，就连她的保守党同事们都痴迷于波兰尼以及约翰·梅纳德·凯恩斯（John Maynard Keynes）等思想家开出的左倾药方。在与保守党研究部门的某次会议上发生了著名的一幕：她从包里抽出一本哈耶克的《自由宪章》（*The Constitution of Liberty*, 1960），并把它摔在桌子上。“我们信仰的是这个！”据说她大叫道。[50] 十年前，美国参议员巴里·戈德华特（Barry Goldwater）曾不自量力地以极右翼立场向总统职位发起挑战。他那主张小政府、低税收、经济优先的竞选纲领“深受”哈耶克较早的一本著作《通往奴役之路》(*The Road to Serfdom*, 1944) 的影响。[51] 尽管戈德华特在 1964 年的美国总统选举中遭遇了惨败，但他在加利福尼亚州竞选活动的联合主席、前好莱坞明星罗纳德·里根，将于 1980 年登上总统宝座。和撒切尔一样，里根也深受哈耶克的影响。

哈耶克的理念绝非注定会产生如此深远的影响。在《通往奴役之路》刚出版时，其核心论点——政府对本可由私人市场予以控制的经济领域的任何干预，都必然导致暴政——同时遭到了左翼和右翼的攻击。凯恩斯虽然曾写信给哈耶克，对其有关自由的道德愿景表示赞同，但他认为哈耶克有关政府干预的论点危险、未经证明且愚蠢。就连同属右派的同事，例如芝加哥大学的弗兰克·奈特 (Frank Knight)，也认为哈耶克的论证过于简单化了，且并未得出确切结论。[52] 尽管如此，这本书在当时还是获得了广泛关注，乔治·奥威尔 (George Orwell) 为其写下了褒贬参半的书评，《纽约时报 153
书评》(*The New York Times Book Review*) 则对其大加赞扬。[53] 然后到了 1945 年，这本书交了好运：其浓缩版被发表在订阅量接近 900 万的《读者文摘》(*Reader's Digest*) 上。[54]

不过，尽管《通往奴役之路》成了一本畅销书，还使得哈耶克名声大噪，但这本书并未提升他的学术声誉。就连保守的芝加哥大学经济系都不愿聘请他。不过他最终还是在该校的社会思想委员会获得了一个职位。哈耶克急需一份退休金（他不善于理财是出了名的），便先后转投弗赖堡大学和萨尔茨堡大学，于是在某些学术圈里依然声名不显。当他于1974年赢得诺贝尔经济学奖时，据说许多大经济学家都从未听说过他的名字。[55] 这一点或许并不令人感到吃惊，因为正如阿夫纳·奥弗（Avner Offer）和加布里埃尔·瑟德贝里（Gabriel Söderberg）近来详述的，诺贝尔经济学奖是瑞典央行的新自由主义者于1969年设立的，这一举动是其向社会民主主义发起进攻的部分内容。[56] 尽管该奖项起初也曾被颁发给某些社会民主主义者，但更经常获奖的还是抨击这一在当时被广泛接受的经济模式的思想家。至少，大多数诺贝尔经济学奖得主都是在名声显赫之时得奖的。哈耶克却是第一个因获奖而声名鹊起、引用率急剧提升的得主。[57]

和斯密一样，哈耶克的关键论点也有几分向追求伟大作出不情愿让步的意味。他告诉我们，自己的主要目标在于阻止权力聚集在少数人手中。《通往奴役之路》攻击的目标是崛起的极权主义国家。他的论点则是，避免极权主义国家崛起的最佳方式在于阻止它们获得对于经济的掌控权。我需要说明的是，哈耶克认可通过中央计划来粉碎大公司的权势这一想法背后的冲动。例如，他曾以同情的语气引用罗素的自
154 由社会主义观点，还终其一生与凯恩斯保持着一定的友情。然而，他声称罗素的论点是建立在认为人们可以通过让中央政府掌握权力来“消灭权力”这一“可悲的幻觉”基础之上的。[58] 他认为恰恰相反，与最强大的大公司掌握的权力相比，这样做会将更多权力交到中央计划委员会这个单一机

构手中。理论上，要避免中央计划，就需要削弱任何人施加于其他任何人的一般权力。“要拆分权力或令其去中心化，”哈耶克继续表示，“就需要减少权力的绝对总量。能够通过去中心化的方式，将人施加于其他人的权力最小化的唯一制度，就是竞争制度。”[59] 哈耶克发表了许多关于必然性的言论，还声称自己提出的制度是“唯一”一种能够抵御法西斯主义的制度。但只要加以仔细审视，其逻辑链条就几乎总是会发生动摇。就连经济自由主义者（就这个词的传统意义而言）、坚决拥护资本主义市场的雅各布·维纳（Jacob Viner）和莱昂内尔·罗宾斯（Lionel Robbins）等人，都指出了这一点：极权主义并非源自社会福利计划，将权力交给企业也并不会令社会更加自由。[60]

《通往奴役之路》不仅是反对社会主义的长篇大论，还是反对某些自由主义者“死板地坚持”“自由放任原则”的坚决努力。[61] 哈耶克并非自由放任式资本主义的拥趸。事实上，他并不认为企业应该在不受政府干预的情况下经营。与之相反，他认为政府应该为企业的相互竞争创造条件。需要制订计划，但这应该是“促进竞争的计划”，而不是“反对竞争的计划”。[62] 依旧是在理论上，只有竞争才能确保没有哪个单一行为方会掌握过大的权力。引人注目并且或许有些自相矛盾的是，哈耶克因此并不反对拆分垄断企业、禁止使用某些有毒物质、规定最长工作时限、制定安全监管措 155
施、建立“广泛的社会服务体系”、对专利予以监管，或是就保护环境、限制污染、减少噪音制定强有力的标准。[63]

不过，哈耶克一以贯之地反对非市场行为方之处，以及他对于现代生活产生了最深远影响之处，在于他主张打造一套追求伟大的制度。归根结底，哈耶克在乎的并不是制度是否自由，而是精英阶层能否得到保留。[64] 看看《自由宪章》里的某些论点，就能发现这一点。他认为——在我看来，作为出发点，这种说法是正确的——人类永远不可能了解全部信息。接下来，由于不得而知，我们便别无选择，只能设计出这样的社会：个人能够“自由自在地”追求在自己看来适当的任何计划——当然要受到平等施加于所有人的基本法律约束。只有这样做，我们才能确保进步与经济增长惠及社会所有成员。在此，哈耶克相当紧密地追随着斯密的步伐。

他继续表示，试图限制或削减奖励，或是试图主张社会里的所有人都理应享有相同的生活标准，将葬送实现这种进步的可能。例如，如果今天我们决定所有人都应该能够连上宽带，这将意味着个人创造力被征调，以实现这一目的；而原本这些创造力可能催生比宽带更好的技术。在哈耶克看来，社会在实现下一次重大进步之前就表示，我们需要先保证所有人都能用上某种东西，这种做法事实上将导致下一次进步永远无法实现。

正是从这一基础出发，哈耶克将不平等当作一件有利于所有人的好事加以捍卫。通过允许某些人先于其他人拥有更
156 好的东西，我们确保了人人最终都将拥有这些更好的东西：“我们预期的快速经济增长，看上去在很大程度上是这种不平等的结果；而且若没有这种不平等，就不可能发生。如此

迅速的进步不可能步调一致地展开，而只能阶梯式地展开，某些人会遥遥领先于其他人。”[65] 即使这种说法是正确的——我一会儿就会详细谈谈它为何并不正确[66] ——我们也应该停下来考虑一下，哈耶克的这番言论是出于什么目的。或许最令人恼火的是，他要以此为由，为继承而来的巨额财富正名。根据他的论证，总体而言，富有的父母能够生出更优秀的子女，这些子女又会促成更了不起的进步，这些进步则将惠及社会里的其他人。[67] 按照哈耶克的逻辑，通过某种方式，少数人对伟大的追求将为我们其他人创造出一个更美好的世界，哪怕这一世界惊人地不公正，哪怕这一世界并不关心被视为伟大者实际才能如何。和他的追随者不同，哈耶克从未声称过他的经济学主张能够实现“机会平等”。至少就这种经济制度意味着什么而言，哈耶克还是诚实的。

和斯密一样，哈耶克也并不认为这一切是尽善尽美的。他只是坚持认为，既然“人类本性就是如此”，我们的社会世界也就没有更好的道路可以选择了。[68] 他一再表达对社会主义观点的同情，他的这一态度看上去也是真诚的。在某次采访中，他甚至表示在青年时代，自己“会被描述为一名费边派社会主义者”。[69] 那么，如果他真的认为促进平等这一冲动是正确的，但任何致力于此的尝试都将扼杀进步与经济增长，那么显然就需要提出这样一个问题：是否有证据表明他的观点是正确的？从托马斯·皮凯蒂（Thomas Piketty）到经济合作与发展组织（OECD）的数据专家，越来越多当

代经济学家认为，历史经验表明，哈耶克其实是经济学界的
157 托勒密（Ptolemy）。他导致一切都倒退了。实际上，目前可以获得的经济数据显示，事实与他所声称的恰恰相反；阻碍经济增长的，正是不平等。[70] 数据是一目了然的。例如，正像皮凯蒂所展示的，1950 年至 1990 年，美国国内生产总值年均增长率为 2.2%；1990 年至 2020 年，这一数字为 1.1%。转折点发生在 1980 年代。在这一时期，里根（一定程度上还包括其继任者老布什和克林顿）将最高个人所得税税率从 72%降到了 35%。而 1990 年至 2020 年，美国最富有的百分之一人群的收入在国民收入中的占比从 12%上升到了 18%。[71] 在富人变得更富的同时，经济增长却放缓了。与此同时，研究人员还证明了，高度不平等社会的经济增长往往会以衰退和萧条告终。[72]

为什么会这样？目前在拜登政府中供职的经济学家希瑟·博希（Heather Boushey）列出了一些关键点。首先，不平等构成了“阻碍”，因为它妨碍了大多数人为经济贡献自己的天赋与能力。其次，不平等导致过大的权力掌握在富人手中，从而“破坏”了有助于促使人人参与的公共流程。最后，不平等显得人人都在获益，但实际上只有少数人获得了回报，由此“扭曲”了经济。例如，某项经常被引用的数据显示，尽管美国的劳动生产率在过去四十年间不断提高，但工资却处于停滞状态。[73] 总体而言，工资更高的工人积极性更高，消费力更强，在政治上产生被剥夺感、进而支持会对经济增长所依赖的稳定产生造成威胁的倒退政策的可能性

也较低。[74]（这甚至还没有将国内生产总值增长率是否是衡量经济或社会进步的良好指标这一问题考虑在内，毕竟该指标并不直接反映个人福祉或其生活所依赖的环境的状况。[75]）这表明在如何思考经济问题方面，我们需要一场 158
哥白尼式革命：告别头重脚轻，转而由下及上。这种做法不仅在道德上更优越，在逻辑上同样如此。

在此，问题还不仅仅在于经济增长。哈耶克声称竞争性企业制度能够推动创新进步同样存在问题。要弄明白为什么，只需要回到投入更多社会资源以扩大宽带普及面这个例子。从各种自传的叙述中我们得知，硅谷企业的大多数技术进步之所以能问世，正是得益于其早期创始人利用自己的特权，早早用上了电脑。[76] 哈耶克可能会认为，这正体现了其观点的逻辑性：享有特权者能较早使用某种技术，因此能够开发出软硬件，令其他人从中获益。然而，让我们设想一个不同的场景：电脑与互联网——主要是由美国政府和军方开发出来的——从一开始就被视作一项公共资源，[77] 并非只有少数幸运儿才能早早接触这些技术，而是每个感兴趣的大学生都能用上它们。这样一来，我们便可能早早培养出数千名——甚至更多极其出色的人才。将其才华汇总起来，谁知道他们可能取得多少了不起的进步呢？同样重要的是，如果不是更加重要的话，高科技行业中权力集中这一灾难是否可能因此得以避免呢？此外，由于这些技术被视作公共资源，其利润也将归公共所有，这将被用于投入更多研发，而不是被支付给股东，再藏匿在海外免税账户里。[78] 高科技行业的格言是："我们将攀登到所有其他人的上方，再将你们推下一级台阶。祝你好运，帮扶自己，努力追赶。"或许该行业应该改用成立于1896年的全国有色人种妇女协会（National Association of Colored Women）的格言：我们需要"既攀登，又帮扶"。[79]

159 另有证据反驳哈耶克就竞争性企业与进步之间关系作出的根本性假定。更好的说法或许是：并无充分的证据表明，竞争是推动进步的最佳方式。[80] 当所有人为了一个共同的目标而一道努力时，发展的速度会更快。毕竟，竞争会令知识变得分散，催生不恰当的激励机制（试图赚钱而不是解决问题），并令潜在的集体能量变得支离破碎，从而导致取得科学发现的速度变慢。合作能够推动知识共享，能够促使人们专注于计划本身而非利润，并且能够催生一种有助于增进知识的集体动态机制。第二次世界大战期间，为帮助美国军方，科学家曾合作进行合成橡胶的研发。正如他们所言，最终的解决方案是"一支资金充沛的工业化学家小分队取得的上千个小发现汇集起来的结果"。在这些科学家的记忆里，那段岁月宛如黄金年代，"此前为不同公司效力、处于敌对关系的人们，可以怀着共同的使命感展开合作了"。[81]

新冠疫情初期，看上去许多人似乎领会到了这一历史教训。围绕着全球经济和如何尽可能快地开发出安全的疫苗等问题，我们形成了全球合作的感觉。[82] 科学家和各国政府似乎受到了这种可能性的鞭策：假如提前展开全球合作的话，我们甚至可能彻底避免这场灾难。正如传染病预防专家

彼得·达沙克（Peter Daszak）向科技记者珍妮弗·卡恩
（Jennifer Kahn）所讲述的：“问题不在于不可能做到预防……
这一点是很可能做到的。然而我们并没有这样做。政府认为
太昂贵了，制药公司则要追求利润。”卡恩补充道：“总体而
言，世界卫生组织既没有资金，也没有权力，无法开展对于
扭转［这种缺乏动力的局面而言］所必需的大规模全球合 160
作。”[83] 鉴于这一失败，人们承诺要开展新的合作。

然而，竞争的感觉很快又再次出现。各国纷纷将本国公民的健康置于优先地位，争相率先研制出疫苗。各公司则专注于从出售疫苗中赚取经济回报。从科学角度出发，这种做法并无太大意义，因为这会阻碍信息共享。从实际角度出发，这种做法同样没有太大意义，因为这忽视了全球的相互依赖性。就已发生并传播开来的病毒变异而言，是如此；鉴于在相互联系的世界，各国经济复苏需要全球经济复苏，亦是如此。从道德角度出发，这种争当第一的竞赛也没有太大意义，因为这将导致脆弱人群、而非仅仅是富裕国家的脆弱人群率先接种疫苗的可能性降低。从政治角度出发，这种做法可能有点意义，因为疫苗竞赛的胜者可能成为该国的民族英雄，但哪怕这一理由也可能无法成立，尤其是如果因为过于匆忙而导致产品有危险时。[84]

不过，竞争精神并未完全压倒疫苗计划。世界卫生组织还是成功地组织起了 150 个国家，以保障疫苗的全球可及性，尽管对于较贫穷国家的许多人来说，这些疫苗运抵得还是不够快。[85] 而且为什么疫苗一开始就会成为一个与国民

财富相关的问题呢？事实上，赫尔辛基大学和牛津大学的研究者在疫情初期就研制出了廉价疫苗，但与私人公司合作的决定——就牛津大学而言，据说是受到了来自盖茨基金会（Gates Foundation）的压力——意味着利润考量压倒了公共卫生关切。[86] 与此同时，美国在很大程度上允许制药公司从公共资助的研究计划成果中收割利润。专利法则阻碍了疫苗
161 被更加迅速地发放至各地，令全球经济面临继续遭受破坏的风险，并可能导致危险的变种数量激增。[87] 这些因素甚至都还未触及这一问题的表层：对于私人经济增长的关注是如何导致公共领域的状况在数十年间不断恶化的？回过头来，这种情况又导致虚假信息泛滥，从而在疫苗供给充足的国家也阻碍了接种工作的进行。

可见，这是围绕着追求在经济领域做到拔尖制订的计划，如何破坏其承诺要兑现的价值的又一个例子。他们承诺要推动进步，事实上却阻碍了进步。他们承诺要让所有人都过上最美好的生活，却只为少数人做到了这一点。他们承诺要建立促进和平与繁荣的社会秩序，事实上却导致了威权主义和战争。更加不幸的是，尽管人们一再声称并非如此，但我们实际上拥有以其他方式设计我们的生活与社会的出色模板。就这一具体案例而言，就在哈耶克那本对追求伟大予以确认的热门畅销书出版的同一年，波兰尼也在《大转型》（*The Great Transformation*）一书中对这一模板作出了强有力的表述。尽管其标题中出现了“大”这个词，但这本书实际上是对足够好的生活的一曲赞歌。

足够好的转型

波兰尼认为，作为自由主义论点核心内容的重要谎言可追溯至斯密。再次说明，这一论点是：如果我们建立起一套通过竞争性市场来帮助少数人追求财富的制度，那么这将同时促成繁荣与不平等。回过头来，他们又通过声称繁荣将使所有人的生活都得到改善，来为不平等正名，尽管某些人的生活将比其他人获得更多改善。波兰尼清楚地发现，当头重脚轻的市场投入运转时，事实上没有哪种社会秩序能够维持下去。由此导致的不平等与环境破坏将催生过于严重的紧张 162
关系，引发社会动荡。用波兰尼的话来说就是："［以市场为基础的社会的］这种机构存在的每一刻，都在毁灭社会中的人类与自然实质。"在波兰尼看来，关键在于正确地认识经济与社会之间的关系。自由主义者希望将社会乃至道德置于市场基础之上，波兰尼则希望我们将经济理解为"镶嵌于"社会之中。

要想理解这意味着什么，重要的是明白波兰尼所谓的"市场驱动的经济"指的是什么。他并不反对作为商品交易场所的市场，这种场所就和文化本身一样古老。令他感到担忧的是，自由资本主义将几乎一切东西都变成了商品。他尤其对土地、劳动与货币等他所谓的"虚构商品"（fictious commodities）感到担忧。据波兰尼表示，在人类历史的大部分时间里，土地、劳动与货币都不服从于市场，而是服从于共同体的标准与规范。因此，它们是镶嵌在社会之中的。这种做法可能会产生某些不利之处，这取决于规范究竟是什么。然而市场也有自己的规范，而这些规范往往会奖励某些人，剥夺另外一些人。通过将生活必需品变为商品，变为在市场上出售的物品，我们便扼杀了社会应对可能导致市场对基本必需品分配不当的问题的能力。因此，无家可归、贫穷和食物不足等现象，哪怕在经济繁荣时期也会反复出现。

自我监管的市场经济几乎总是会以一场全国性危机告终，部分原因就在于此。某些经济学家和政客会继续呼吁把一切交给商业周期去解决，并任由最弱小的企业破产。但有理性的人大多会放弃其“经济原则”，将我们从波兰尼所预
163 言的毁灭中拯救出来。在 2008 年金融危机期间，当科赫兄弟（Koch brothers）的股票价格暴跌时，就连这两个表面上的自由意志主义者也支持不良资产救助计划（TARP）。[88] 而作为对新冠疫情的回应，美国、澳大利亚和英国等国的保守派政府也采取了为闲散工人发钱的举措。[89]

将社会的需要置于市场的需要之上，这一简单的举动正是波兰尼对“社会主义”下的著名定义：“社会主义本质上内在于工业文明之中的这一倾向：通过有意识地令市场从属于民主社会，来超越自我监管的市场。”[90] 在这种意义上，不存在不具有社会主义倾向的社会。而且当今世界上的所有经济体都在社会主义性质的部门与市场驱动的部门之间保持着平衡。自从新自由主义占据主导地位以来，各经济体在很大程度上丧失了这种平衡。结果就是，社会主义倾向——其

作用在于保障我们的社会受到民主控制——愈发被追逐利润的要求压倒了。

如果波兰尼对社会主义所下的定义是正确的，那么当今人们以为的对社会主义的认识就大多是错误的。有些作家坚持认为，社会主义唯一正确的定义是“生产资料掌握在政府手中”。[91] 但社会主义有许多含义。对波兰尼而言，它意味着生产资料以民主的方式掌握在社会手中。（否则他就会称其为“政府主义”了。）正如经济学家理查德·沃尔夫（Richard Wolff）所言：“当工人以集体的、民主的方式从事生产、获取并分配其劳动所形成的利润时，其企业就成了社会主义的。”[92] 不是政府，不是私人企业，不是强有力的个人，而是所有人共享他们帮助创造的财富与福祉——在波兰尼和沃尔夫看来，这就是社会主义。沃尔夫指出，从这一基
本原则出发，并不存在某条单一的前进道路；波兰尼也并未 164
为我们勾勒明确的前景。关于政府、个人、市场以及合作制企业的角色，关于它们彼此之间的关系，仍存在许多复杂的问题。但重点在于，民主社会主义不是（或者至少在波兰尼看来不是）政府所有制的（尽管它可能包含某种混合经济形式，就如同当下自然资源、公用设施以及基础服务等领域的情况一样）。对他而言，社会主义更为根本的目的在于，确保作为总体的社会更平等、更民主地分享全球财富。[93]

波兰尼还明确指出，这种社会所有制并不意味着社会控制。当下在我们对社会的愿景中，一大败笔就是“自由或平等”这一非此即彼的选择。也就是说，认为我们要么只能令

个人自由服从于社会正义的要求，要么只能为了个人自由而牺牲社会正义。[94] 正如当今许多批评这一立场的人士所指出的，这一选择的框架本身就很成问题。[95] 将自由与平等对立起来，是在将自由贬低为个人的一时兴起，将平等扭曲为集体噩梦。事实上，自由与平等是无法分割的。保障所有人都能过上美好与充足生活的社会，极大地限制了权力与财富集中程度的社会，能够确保没有人掌握凌驾于其他任何人之上的过大权力。

波兰尼之所以要在书的结尾谈论“不顺从的权利”，并提出要创造全新的“随意自由领域”，原因就在于此。[96] 他的意思似乎是，我们不应该受到效率指令的约束，或是仅仅为了生存，被迫从事无休止的、艰辛的劳动。主张令经济更加平等的当代人士也沿袭了这一立场。例如，政治理论家阿尔贝娜·阿兹马诺娃（Albena Azmanova）就主张实行既能提供安稳的就业、又能鼓励人们不要在某个岗位上待太长时间
165 的政策。她主张将稳定与闲暇视作应受到共享的物品，并且认为工业社会如果组织良好的话，是能够提供这些物品的。毕竟，鉴于当前的经济形态，为维持一般福利水平，许多人要花费比必要时间更多的时间。人们不得不从事的正是人类学家大卫·格雷伯（David Graeber）所直言不讳的“狗屁工作”。除了得到一份差事以及相应的社会地位，这些工作别无其他意义。据格雷伯估算，如今世界上约半数工作都属于此类。和阿兹马诺娃以及波兰尼一样，他也认为，既提供标准化的收入，又提供标准化的闲暇，将使得我们有更多自由

去追求自己的兴趣与价值。[97]

托马斯·皮凯蒂以一种更具企业家精神的思维方式，认为即使是在当前经济制度的约束下，如果人人都被真正赋予了追求其理想的经济实力，那么我们也能拥有更大的自由。他建议实行高额累进税，辅以强有力的公共服务，并且令所有人年满 25 岁时便自动继承 12.5 万欧元。这将使得“所有人都能够充分参与经济与社会生活”，同时避免物质与地位经济因不平等而走向极端。永久保持这一税收制度，将确保所有世代的所有人真正接近于获得平等的机会。[98] 无论人们怎么看待这些五花八门的主张，重点在于，它们都希望通过提供更多平等，来提供更多自由。

在此，毫无疑问还存在着有关时间、资源以及人际斗争的问题。某些主张也可能失败。记住，我们不是在谈论乌托邦，而是在谈论能够为所有人提供足够好的生活的社会愿景。正因此，当我们限制了市场的影响力，令其无法主宰一切时，波兰尼许下的诺言才有可能实现。社会工作是艰难的。和其他人一道努力，说服他们，令他们相信，或是令自 166
己足够开诚布公、愿意接受他人的说服，这是一项艰难的任务。波兰尼总结道：“不加抱怨地接受社会现实，会给予［我们］百折不挠的勇气和力量，以消除一切可以消除的不公正与不自由。”[99] 并非所有不公正与不自由都是可以消除的。既不存在市场的乌托邦，也不存在社会的乌托邦。原因很简单：人类在社会生活中彼此互动时，怀有不同的渴望以及不一致的信念，他们必须接受无法令所有人感到满意的解决方案。面对这一事实，人们可以选择像哈耶克那样，以让伟大者大获成功为名，抛弃任何正义理念。我们已经见证过，这会创造出怎样一种世界。或者人们还可以响应波兰尼的号召，欣然接受在不放弃个人兴致的前提下，朝着共同的社会目标努力工作这一复杂、艰巨，但美好的任务。我们已经瞥见了那个世界，还有许多新理念将帮助它成为现实。但在讨论这些理念之前，我们还需要跨越追求伟大导致的另一道障碍。

为什么慈善并非答案

从我给一年级大学生讲课的地方沿着山路往上走，就到了哲学家彼得·辛格（Peter Singer）传奇般的伦理学课堂。在许多人看来，这是一门非凡的、开放的课程。但辛格在自己的写作中，却愈发倾向于追求伟大这一世界观了。在《行最大的善》（*The Most Good You Can Do*, 2015）一书中，辛格敦促读者捐出尽可能多的财富。这看上去像是个很好的想法。然而辛格还提到，有一天某人问他，是否存在一种关于如何赚钱的伦理学。辛格断然答道，没有。将要捐出财富者挣得的财富，要好过不愿捐出财富者挣得的财富。如果你没有赚
167 到这笔钱，其他人就会把它赚走。所以，努力赚钱，再把它捐出，就是你能够行的最大的善。

尽管辛格认同政治左翼，但他在这里的立场却与安德鲁·卡内基（Andrew Carnegie）惊人地相似。毕竟，对资本主

义与慈善作出这一经典辩护的，正是卡内基：应该允许资本家以无论多么贪婪的方式，赚到尽可能多的钱，只要他们将其中的很少一部分留给自己的子女。与辛格不同之处在于，卡内基建议对这些财富征税，或者更理想的方式是，由伟大的男子（总是男子）为了公共设施或教育机构将其捐出。[100]此类论点的虚假性在于，这无异于一种恶性循环。商人通过残酷地对待其工人，赚取了巨额财富——卡内基毫不讳言这一点。然后他们用这笔钱来资助大学。这些大学培养出了新一代商人，这些人在追逐日后将捐出的利润时，和卡内基一样，残酷地对待其工人。这是一种无止境的循环。追求伟大这一价值观为自己辩护，标榜自己是在帮助他人，但实际上只不过是在再生产其全部苦难。[101]

关键词是“辩护”。皮凯蒂用很长的篇幅证明了，资本主义只不过是许多不平等机制中最新出现的那一种；这些机制想方设法令自己显得不仅是自然而然的，更是有益的。[102]针对这种辩护理由，约翰·肯尼斯·加尔布雷思（John Kenneth Galbraith）曾尖锐地写道：“理由很多，各式各样，其最引人注目之处就在于对最重要的原因绝口不提：纯粹因为不愿意放弃享受自己拥有的东西。”[103] 卡内基当然不愿承认这一点。他声称自己的工作“不仅是有益的，对于本种族在未来的进步而言更是必不可少的”。[104] 这是国王与教士的语言；这种被虚构出来的逻辑正是为虚构者量身定制的。马克 168
思和恩格斯曾表示，任何时代的观念，都是统治阶级的观念。[105] 这种说法或许有些言过其实，但并非完全错误。用慈善来辩护，这一想法非常聪明——如此聪明，以至于我们有时候会忘记这只是一个辩护的理由，其实既不必然有利于我们其他人，对我们的进步而言也并非必不可少。

在美国这样的国家，慈善行为一度曾被认为很成问题，如今它却享有巨大的威望，因此这一点很值得注意。人们曾常常批评称，做慈善只不过是一种公关行为，目的是掩盖不正当收益的来源。遵循当时的时代精神，西奥多·罗斯福曾宣称："没有哪个花费这笔财富的慈善组织，能够以任何方式补偿它们在获得财富时采取的不端行为。"[106] 想想乔治·索罗斯（George Soros）这个当代的案例吧。过去二十年间，他发起的倡议成为推动民主事业的一支重要力量，他对"市场原教旨主义"（与其说这是一门经验科学，不如说是一套信仰体系）的批评给了新自由主义的威望沉重一击。[107] 但尽管如此，索罗斯的钱却来自金融资本主义。狙击英镑和泰铢的著名操作令他赚得盆满钵满，却导致这两个国家陷入了动荡。有人甚至认为索罗斯的行为直接导致了英国脱欧。《纽约时报》上一篇大体持肯定态度的人物简介文章也指出："令他成为亿万富翁的这个行业，对于这样的局面难辞其咎。如今，这种局面正危及慈善家索罗斯试图实现的目标。"[108]

不过，尽管捐赠可能不足以弥补伤害，但它却可以将其掩盖起来。如今，比尔·盖茨无疑是一名大慈善家，他向教育与科研机构的捐赠的确发挥了重要作用。然而，这一声誉
169 却与盖茨在做慈善之前的形象形成了鲜明的反差。正如《纽约时报》的一篇报道所言："二十年前，人们会将盖茨的名

字与‘残酷无情、敲骨吸髓’的垄断行为联系在一起，这使得他有着‘当代强盗骑士’（robber baron）的名声。生活在圣路易斯（St. Louis）市的一名富有的顾问查尔斯·洛文豪普特（Charles Lowenhaupt）说道……慈善行为帮助盖茨‘重塑’了自己的名声。洛文豪普特先生补充道。”[109]

这样一来，尽管有阴谋论称盖茨试图通过疫苗来控制我们，他所宣扬的事业仍会获得相当的关注与支持。通过自己的财富，他不仅可以指引规模只有政府项目方可匹敌的研究计划的方向，更可以影响政府的政策。[110] 用自己的财富来帮助他人——这样的名望意味着，其他人将如何获得帮助，任由盖茨决定。有时候他的决定无疑是对的——如今如果没有疫苗，就难以畅想足够好的生活。但他在处理这些事情时仍怀有追逐利润的心态，并因在新冠疫情期间减缓了生产与分配疫苗的速度，而遭到了广泛批评。[111] 还有一点很重要：仅仅由于他是世界上最富有的人之一这一事实，他提出的某些好的政策主张就可能遭到反对。据研究慈善问题的历史学家鲍勃·赖希（Bob Reich）表示，在美国，慈善行为起初之所以会遭到反对，根本原因就在于此。慈善基金会“被认为是深度、根本‘反民主’的机构。这种实体将破坏政治平等，利用私人财富将捐赠者的偏好变为公共政策，能够永续存在，而且除了精挑细选出来的一群受托人外，不对任何人负责”。[112] 或许能够反映这一进程的最佳例子就是，如今此类基金会不仅受到了认可，还获得了爱戴。在赖希看来，若不是约翰·洛克菲勒（John D. Rockefeller）想要通过基金会

来避税，并且拥有足够的财富、人脉与政治影响力，迫使国
170 会通过了一项不受欢迎的法案，那么这一切都不会发生。[113]如果我必须在试图向空气中排满有毒物质的科赫与试图令我们更加健康的盖茨之间作出选择，我会选择盖茨。但我更愿意能够以民主的方式在这些进程中发出自己的声音。[114]

然而，按照辛格的逻辑，“盖茨或科赫”就是我们面前最好的选项了。“那些认为应该推翻整个现代资本主义经济制度的人显然未能证明，其他构建经济制度的方式能够得出更好的结果。他们也未曾表明，在 21 世纪，向某种替代性经济制度的转型该怎样进行。”[115] 尚并不清楚辛格为何相信我们只能拥有不受限制的、“尽可能赚更多钱”的资本主义。事实上，对当前制度表示反对的大多数人都勾勒出了可行的替代方案，并且说明了应如何向其转型。约瑟夫·斯蒂格利茨（Joseph Stiglitz）和玛丽安娜·马祖卡托等进步资本主义的支持者就主张，在当前的制度基础上，参照在不久的过去曾奏效的那些实践的各种要素，实行相对直截了当的变革。[116]我们的障碍不在于缺少替代方案，而在于就和当年的卡内基一样，那些当前制度的受益者竭尽全力要让事情保持原样。回击的最佳方式之一就在于，不断提醒自己，还存在其他的模式。进步资本主义是个受欢迎的选项，但我们面前的其他经济制度能够令我们甚至更加接近于实现为了所有人的足够好的生活。

某些创造足够好的世界的计划

如果您读到这里并一直赞同我的意见，那么您可能会赞赏将这一点作为生活的目标：少一些倦怠、焦虑、争斗和愤怒，多一些寻常的喜悦、相互认可以及合作；与此同时仍然 171
承认，一定程度的不一致、失败和苦难在所难免。迄今为止，在本章中我试图论证的是，我们当前的社会与经济制度是与这种生活背道而驰的。一路上我们已经瞥见了能够为足够好的生活提供支持的其他社会组织方式的点点亮光。现在，我希望将这些亮光变得更加清晰可见。

正如我们已经看到的，市场的本性就在于，这是一股推动经济增长的强大力量，但在全社会范围内对其催生的财富与权力的分配却极为不平等。[117] 因此，要想实现从以伟大为导向的社会，到足够好的社会的转变，最简单的方式就是削弱市场的力量。这就是被普遍称为“社会民主主义”的根本经验。在第二次世界大战结束之后指引着欧洲、北美、大洋洲与日本，以及在稍晚时候指引着东南亚、南美、非洲及其他地方部分国家的，正是这种基础性混合经济框架。在政治史学家谢丽·伯曼（Sheri Berman）看来，随着一切问题都已解决，这实际上会成为“历史的终结”。大多数事情要经过市场，也仍存在一定程度的不平等，但基本生活必需品将通过福利制度予以保障。公共住房与求职协助也使得某些形式的土地和劳动摆脱了市场体系。利润被课以重税，用于对教育、基础设施和公共物品的再投资。壮大的工会保障了优厚的工资以及良好的工作条件。提供全民医保（美国除外）。稳固的失业保险制度、幼儿托管以及针对老年人的社会保障制度，将在人们无法照顾自己的时候，为其提供照顾。[118]

然而，历史当然永远不会终结。社会民主主义有着严重
172 的缺陷，并且依然容忍着大量物质与地位不平等。[119] 这种不平等常带有种族特征。例如在美国，罗斯福新政中部分进步的经济政策就将一些非洲裔美国人、移民与原住民排除在受惠范围之外。最为恶劣的是，与此同时，日裔美国人还被关进了拘留营里。[120] 又例如，早期的社会保障法与失业法将农业工人和家政工人排除在外，而近半数黑人都在这些行业里工作。[121] 在获得保障性住房的机会方面，也有充分证据证明存在着歧视。随着时间的流逝，此类早期的排斥行为愈演愈烈，促使我们今日看到的种族化的经济不平等被固化下来。[122]

此外，富裕的社会民主主义国家从未将这些慷慨的举措延伸至国境之外，对摆脱了被殖民地位的国家也并未做出什么贡献。事实上，它们还常常以增加本国财富为借口，阻碍这些国家的发展。当拉丁美洲、南亚和非洲国家开始推进“发展主义”议程，试图复制西方的凯恩斯主义经济增长模式时，它们便对西方国家凭借对土地和资源的新殖民主义式所有权攫取的大量利润构成了威胁。[123] 为了保住权力，西方国家便扶植军事独裁政权，这些人犯下了记者文森特·贝文斯（Vincent Bevins）所称的“塑造了我们世界的大屠杀罪

行”。据估计，光是在印度尼西亚，伤亡人数就超过了一百万。[124] 这还催生了各种持续存在的经济问题：这些军事独裁政权大量借债与挥霍，导致许多国家至今仍深受其害。[125] 此类干涉常常是以抗击极权主义共产主义的借口发动的，但其中许多行动反对的其实是社会民主主义和民主社会主义政府，这些政府只不过试图令国际经济赛场变得更为公平而已。[126] 美国常常是牵头者。美国军方或中央情报局为保护 173
商业利益，而对危地马拉、伊朗以及其他国家发动干涉的事例，相对而言已为人所熟知。[127] 但我还是得承认，近来看到的一段纪录片片段令我惊愕不已：某家瑞典公司的工会成员要求利比里亚军队出手，粉碎某个矿场的当地工人组建工会的努力。[128] 尽管斯堪的纳维亚国家及其公民往往会大力支持全球平等主义行动，但这些国家的许多公司却并非如此。[129] 此类行为会引发全球动荡，并催生如今正令瑞典等国的社会民主主义制度承受重压的移民政治（不过这当然不能成为为这种政治辩护的理由）。

事实上，社会民主主义国家在凭借不对等的全球实力增加其财富的同时，也在任由国内的不平等加剧，并在面对国际竞争和大宗商品——尤其是石油——价格波动时，逐渐放宽其进步制度。这最终将意味着它们会遭到其全球失败的反噬。它们从未以负责任的方式确保，财政正义能跨越国境存在下去，于是它们便丢失了工作岗位和税收收入。[130] 的确，这种局面能够为发展中国家提供本不存在的就业机会。然而，这些工作岗位常常工资微薄、危险、无保障，且对环境有害。[131] 归根结底，与其说击败社会民主主义的是其本身的缺陷，不如说是希望增加自身权力的富裕精英对其发动的攻势。不过，其全球失败无疑也为这些精英提供了可乘之机。足够好的世界，必须是一个足够好的“世界”。

作为对2007年至2009年大衰退的回应，一阵“凯恩斯主义复兴”出现了：许多决策者意识到，只有通过政府干预
174 和赤字开支才能够避免又一次大萧条。[132] 十年之后，虽然在新冠疫情导致的经济下行期，仍有些人坚持不让步，但某些最为强大的新自由主义思想堡垒已经开始土崩瓦解。就连《金融时报》（*Financial Times*）的编委会都主张回归在凯恩斯启发下出台的罗斯福新政。事实上，他们甚至走得更远：“激进改革——扭转在过去四十年间（即自新自由主义时代于1980年开启以来）占据主导地位的政策取向——需要被提上议事日程了。政府必须在经济活动中发挥更加主动的作用。它们必须将公共服务视为投资而非负债，并且需要想方设法使劳动力市场更有保障。再分配将再次被摆上议事日程；老人和富人的特权将受到质疑。那些直到不久前还被视作离经叛道的政策，诸如基本收入与财产税，必须被加以考虑了。”[133]

鉴于即使在新自由主义的地盘都出现了这样的动向，21世纪初的动荡局势促使人们对民主社会主义愈发产生兴趣，也就不令人感到意外了。这里存在着某些重要的重叠之处。凯恩斯本人曾警告称，不应将社会主义者视为其经济学主张的敌人。分裂并非存在于社会民主主义者和民主社会主义者

之间，而是存在于寻求在全世界促进和平以及增进普遍福祉的人士，与追求“权力、威望、民族的或个人的荣耀，强行施加某种文化以及遗传性或种族性偏见的”人士之间。[134]社会民主主义和民主社会主义都反对以追求伟大为导向的世界观。因此就足够好的生活这一主题而言，理性的经济学争论不应发生在这二者之间，而应发生在这二者与追求伟大的世界观之间。

不过，社会民主主义和民主社会主义还是相当不同的。社会民主主义和民主社会主义有着共同的根源（有些讽刺的是，社会民主党起初要更为激进，是德国马克思主义者的正式政治组织）。二者都由对当时在欧洲占据统治地位的正统 175
马克思主义感到沮丧的社会主义者创立。[135] 爱德华·伯恩施坦（Eduard Bernstein）或许是民主社会主义最重要的理论家。以他为首的民主社会主义者认为，资本主义不会引发预期中的矛盾与革命。[136] 事实上，正如斯密所预言的，普遍财富正在增加。不过，这种财富依旧在以不平衡、不公正的方式积累着。伯恩施坦认为，若不建立一个革命性较弱、民主性较强的政治平台，不再以阶级对立作为其基础，而是更多地以阶级调和的方式致力于促进公共利益，那么这些趋势将无从逆转。马克思主义者警告称，任何此类阶级调和之举都将不可避免地淡化其宗旨，但伯恩施坦却认为值得冒这样的风险。他可能是对的：在伯曼等历史学家看来，两次世界大战之间那段时期，在美国、英国和瑞典等地，社会民主主义政策的初步落实有助于抵御高涨的法西斯主义浪潮。不过，马克思主义者有一点说得也很对：参与民主政治，就不可避免地意味着要作出妥协。正是这些妥协催生了我们今天所知道的那些社会民主主义福利国家。[137] 因此，民主社会主义者和社会民主主义者（如今这一名号属于温和派）虽有着共同的本源，但在所有制这一关键问题上也存在着分歧。社会民主主义者倾向于通过税收和监管来再分配财富，并保障公共服务。民主社会主义者则倾向于通过改变所有制结构，来以更为平等的方式“预先分配”财富。

研究民主社会主义历史与理论的专家加里·多里恩（Gary Dorrien）表示，民主社会主义的目标在于创造“一个彻底民主化的社会；在这一社会中，人民掌握着经济与政府，没有任何团体支配其他任何人，每个公民都是自由、平等、融入其中的”。[138] 为实现这一目标，民主社会主义者致
176 力于创造出一个逆转了竞争性资本主义的根本逻辑、如同合作性共同体一般的世界。在竞争性资本主义制度下，私人收益会被最大化，然后再分配给公共部门——假如真的会被再分配的话。而在民主社会主义者希望创造的世界中，所有人会一同工作，直接增进共同财富。民主社会主义者和其他平等主义者问道，假如普遍富足果真是实现普遍幸福的关键，那么为什么还要采取先让少数人致富这种荒唐的做法呢？为何不直接将增进普遍幸福作为目标呢？如今，这样的实践被冠以许多名字：产业民主（industrial democracy）、经济民主（economic democracy）、多元主义共同体（pluralist commonwealth）、参与式社会主义（participatory socialism）、工人自我

领导的企业（worker self-directed enterprise），等等。不过其基本理念是相同的：如果我们真的要生活在一个民主的社会里，那么民主就不仅应该存在于国家机器中，还应该存在于工作场所中。[139]（而且，至少就美国的情况而言，与指代更公平的经济的其他名称相比，“经济民主”这样的名称在政治上可能要更加行得通。）

此外，民主无法在工作场所正常运转这一事实，正是导致它在国家机器中无法正常运转的原因：经济实力的不平等，不可避免地会导致民主权力的不平等。富兰克林·罗斯福之所以于1944年提出“经济权利法案”（Economic Bill of Rights），作为在美国业已存在的政治权利法案的补充，部分原因就在于此。这一“第二权利法案”列出的权利包括，保障获得工作、食物、衣服、住房与教育的权利——还不仅是在勉强维生的水平上，而是“体面的住房……良好的医疗……优质的教育”。[140] 之所以要增加第二权利法案，其逻辑在于：言论自由等权利，会因少数人在经济极为不平等的社会中占据着支配地位，而遭到扭曲。

关于应如何着手实现这一更加民主的社会——无论它是更为社会民主主义的，还是更为民主社会主义的，还是根本不拘泥于这些名称——存在着多种模式和许多争论。[141] 尽 177
管我们在阅读每日商业新闻，或是关注道-琼斯工业指数时可能不会听说它们，但许多此类模式早已存在了。自从第二次世界大战以来，德国和瑞典的大公司就开始实行由股东、经理和工人“共同决策”的制度。在这种制度下，一定数量的董事会席位和投票权会划拨给工人。[142] 这类计划力度较为有限（股东掌握着大部分权力），不过无论是在这些国家，还是杰里米·科尔宾（Jeremy Corbyn）领导下的英国工党，以及参加美国总统竞选的伯尼·桑德斯和伊丽莎白·沃伦（Elizabeth Warren），都提出了这一制度的扩大版本。[143] 或许该制度最为著名的版本要数瑞典的“迈德纳计划”（Meidner Plan）。这是一种改变大公司所有权的过渡模式。根据这一计划，某年度全部利润的20%将被用于再投资该公司的股票，并由工人持有。渐渐地，随着工人持股份额不断增加，他们将掌握公司的所有权。在瑞典社会民主党下台之后，这一计划最终也遭到了挫败，不过它还是留下了重要的遗产，例如当前那些各式各样的主张。[144]

还存在许多实行工人所有制的公司，其中最为著名的或许要数收入高达数十亿美元的蒙德拉贡公司（Mondragon Corporation）。这是一个位于巴斯克（Basque）地区由多家合作制企业组成的联盟。每年还会诞生许多规模较小的工人所有制企业。“克利夫兰模式”（或者是英国的“普雷斯顿模式”）提供了一条充满希望的路径。根据这种模式，各家合作制企业与医院及大学等该社群内部的“支柱机构”（anchor institution）以一体化的方式展开合作。[145] 在克利夫兰，围绕着这些机构，“常青合作社”（Evergreen Cooperatives）成长了起来，其业务包括一家产业规模的洗衣店、太阳能发电，以及蔬菜水培。[146] 可持续的业务为其员工-所有者提供了可持续的收入。

还可以在更为普遍的层面上将经济权力民主化，例如通 178
过主权财富基金。这些基金由公众持有，完全为公共利益服务。这方面最著名的例子之一是“挪威模式”。在这种模式下，主权财富基金和国有企业掌握着该国总财富的约60%。这些基金被用于公共开支项目，或是在经济下行期弥补亏空。尽管这一斯堪的纳维亚模式看上去可能显得遥不可及，难以在其他国家复制，但事实上这种模式在其他地方相对很常见。[147] 加尔·阿尔佩罗维茨（Gar Alperovitz）就指出，在美国就始终存在着数量足够多的“美式风格日常社会主义”的版本。[148] 而且，更为常见的情况是，这些计划往往发生在保守的“红州”，例如阿拉斯加永久基金（Alaska Permanent Fund）、得克萨斯永久校务基金（Texas Permanent School Fund）、永久大学基金（Permanent University Fund）和怀俄明永久矿业信托基金（Permanent Wyoming Mineral Trust Fund）。更不必提这一事实了：本地拥有的公用事业或能源合作社提供的电力供给，占全美总量的25%。[149] 这些永久基金在很大程度上是以石油开采为基础的，不过也存在以集体方式创造更绿色经济的努力。这些行动更加关注能源的再生，而不是通过消耗导致其枯竭。[150]

这些不同的社会制度还促成了不同类型的社会互动方式。研究表明，合作制度往往有助于促成更好的沟通、友谊、互助、协调行动、众志成城、井然有序、更高的生产率、认同感、对他人观点的理解、自尊感，以及对未来互动的期待。[151] 而且正如瑞安·艾斯勒（Riane Eisler）、阿德里安·玛丽·布朗等人所指出的，这些平等主义的、专注于伙伴关系的制度的价值观，还有助于促进性别平等、种族平等和残疾平等。[152]（之所以在整个20世纪，非裔美国人一直
179 身处建立合作社的前线，而如今拉丁裔家政工人也在纽约等城市发起了各种充满希望的计划，部分原因可能正在于此。[153]）毕竟，这些制度的目标在于，人人都尽自己的能力为总体目标做贡献，而人人都将从这一目标中获益。“获益”本身的含义也发生了改变：不再是一种纯粹的经济逻辑，而变成了齐心协力这一社会价值观，以及我们能够提供的各种形式的价值。事实一再表明，在地位和物质这两方面能够鼓励人人参与其中的工作场所——就前者而言，这意味着权力更为平等，较少采取自上而下的方式；就后者而言，这意味着共享回报——生产率、幸福感以及目的感都会更高。[154]

我们可以以总部设在华盛顿州西雅图、由丹·普赖斯（Dan Price）运营的在线信用卡交易公司“重力支付”（Gravity Payments）为例。2011年的某一天，一名名叫贾森·黑利（Jason Haley）的员工向普赖斯表示，他每年只给员工支付3.5万美元工资，自己的年薪却超过100万美元，这种行为就是欺骗。起初，普赖斯感到震惊，认为自己受到了冒犯，但在与朋友交谈之后，他最终明白了黑利的意思。这些朋友的收入水平与他的员工相仿，在正迅速经历乡绅化进程的西雅图只能勉力维生。普赖斯意识到，尽管他冒着风险、发挥企业家精神才建立起了这家公司，但他仍完全依赖于自己的

员工，而且没有办法为自己过着舒适的生活、员工却在勉强维生这种局面辩解。他先是迈出了试探性的一步，为员工加薪 20%，以为这样就能一劳永逸了。但在接下来的一年中，他却发现，随着生产率的提高以及离职率的降低，加薪为他带来的收益甚至超过了多支付的薪水。有学术研究提出，约 7 万美元的年薪有助于员工过上幸福且稳定的生活。根据这一研究结果，普赖斯在 2015 年时将这一数字定为公司新的最低工资标准。为了支付这笔工资，他还将自己的薪水大幅降低到了同一水平。[155] 2020 年时，他在推特上报告了这样做的结果："#我们的生意增长了 2 倍#拥有住房的员工数量 180
增加了 10 倍#401（千）的捐款额，这翻了一番#70%的员工还清了债务#生孩子的员工数量激增了 10 倍#离职率下降了一半#76%的员工在工作期间订了婚，是全美平均水平的 2 倍。"[156]

普赖斯的模式与总部同样设在西雅图的另一家著名公司亚马逊形成了鲜明对比。2019 年时，亚马逊公司开始在西雅图之外，为"第二总部"选址。尽管西雅图人警告称，亚马逊来到哪里，便可能加剧当地的不平等，并引发乡绅化进程，但整个北美地区仍普遍对亚马逊设立总部可能带来的工作岗位与税收收入兴奋不已。[157] 各个城市纷纷提出要给予这家世界上最富有的公司之一数十亿美元的补贴。最终，亚马逊选定了两座城市：位于华盛顿特区郊外的弗吉尼亚州亚历山大（Alexandria），以及纽约市皇后区的街区长岛市（Long Island City）。关于亚马逊公司在现代世界中扮演的角色，记者亚历克·麦吉利斯（Alec MacGillis）撰写过浩瀚的编年史。据他表示，这一选址过程可谓“当前经济制度下‘赢者通吃、富者愈富’动态机制的终极范例：经济增长和繁荣会流入少数作为科技巨头总部的城市，而这些科技巨头则掌控着越来越多的日常商务活动”。他还指出，至少亚马逊并不讳言自己的目标。该公司发布的一份声明这样写道：“亚马逊从未表示，第二总部这一计划旨在帮助亟须帮助的社区。”[158]

纽约的贫困社区很快就痛苦地意识到了这一点。选址决定一经宣布，关于是否应允许该公司进入皇后区、应为其设立何种条件的战斗旋即打响。人们尤其感到担忧的是，亚马逊公司在工人组建工会这一问题上是否会保持“中立”（也就是说，不会反对工会）。该公司一向拒绝这么做。亚马逊公司并未应战，而是放弃了这一计划。[159] 亚马逊不来了，
181 这有助于避免西雅图曾经历过的、在纽约已正在肆虐的那些问题变得更加严重：房地产价格不断攀升，高薪管理人员与收入微薄的工人之间收入不平等程度不断扩大。［与长岛市毗邻的艾姆赫斯特（Elmhurst）是纽约市最贫穷的社区之一，也是在新冠疫情中遭受最沉重打击的社区之一，很大一部分原因就在于，其大量居民从事的都是低薪但必不可少的工作。］不过，亚马逊不来了，也导致工作岗位与税收收入化为泡影。

从足够好的生活这一视角出发，亚马逊-皇后区这则故事中缺失的一环在于，如何才能不依赖于一家反工会、加剧不平等的公司，通过另外的方式为皇后区这样的地方带去工

作岗位。解决方案之一或许是，用类似于蒙德拉贡公司或克利夫兰模式的组织——单一的大型合作制企业，或多个小型合作制企业的集群——代替亚马逊公司。假如贝佐斯采纳了其邻居丹·普赖斯的建议，那么亚马逊公司自己甚至都可能成为解决方案。然而，由于我们的集体社会心态总是将伟大的创业者和企业家当作前提条件，认为亚马逊公司可能转向平等主义立场，或是可能被合作社取代的想法从来不会真正成为公共讨论的话题。[160] 正因此，像彼得·辛格这样重要的伦理学家若停止声称赢者通吃式资本主义是唯一可行的制度，将具有至关重要的意义。这样的说法会扼杀我们想象向多种现成的经济民主形式转型的能力。

将公有制、集体所有制和私有制结合起来，就构成了阿尔佩罗维茨所谓的“多元主义共同体”。[161] 重点不在于创造出将解决一切社会问题的完美经济制度，而在于创造出能够令所有人都过上美好与充足生活的经济制度。过去几个世纪的经验告诉我们，哈耶克等人主张的赢者通吃式资本主义制度是无法做到这一点的。它对回报的分配是不平均的，对于 182
终将实现平等分配的承诺从未兑现过。它告诉了我们有关市场和财富增长的许多内容，但其关于分配的逻辑假定归根结底却是完全不符合逻辑的。想象一下这样的比喻：我们发明了一套灌溉系统，对山顶的一块田地实行灌溉，希望剩下的水最终能够流至山底。或是听听商人、共享财富的支持者贾法尔·沙尔奇（Djaffar Shalchi）所作的更加辛辣的比喻：“财富就如同粪肥：将其播撒开来，它将帮助一切东西生长；将其堆积起来，它只会发臭。”[162]

更符合逻辑的灌溉系统或施肥系统，就如同更符合逻辑的经济制度一样，会尽可能平均地在田地上分配资源。它还将确保在这样做的过程中不会破坏环境。不过，即使在如此具有再生性的经济制度之下，有时候仍会漏水，有时候阳光会过于强烈，有时候水分又会不足。这一点怎么强调都不为过：实现经济民主绝非易事。我认为，那些将民主社会主义或其他更加平等的经济制度当成万能药的人士，是被严重地误导了。[163] 没有任何制度能够彻底解决在相互依赖的人类那无比复杂的情感与社会生活中可能出现的所有问题。在合作制度下，仍会产生许多问题：那些不全力投入工作的人，也配得上获得同等份额的回报吗？若不存在严格的等级次序，应如何解决人际冲突？集体决定将通过简单多数、共识，还是经过修正的共识作出？如果需要多场漫长的会议才能达成共识，那么将因照顾家人而不能一直待在会场的人排
183 除在外，这样做公平吗？对于那些愿意少干些活、少挣些钱的人，或是愿意多干些活、多挣些钱的人，应为其提供多大的空间？当形势变得艰难时，经济民主主义者还会继续坚持要求平等吗？还是说他们会建立新的分化制度？[164]

研究人类合作行为的重要理论家之一莫顿·多伊奇（Morton Deutsch）认为，有三种社会因素使得合作能够顺利进行：可替代性（某名工人可以与其他工人交换工作）；情感投入（和谐的人际关系）；以及可诱发性（群体的吸引力）。然而，可能扼杀合作行为的，也正是这些因素：可替

代性最终会导致所有成员都去找寻自己偏爱的工作；情感投入会导致拉帮结派；可诱发性会导致万马齐喑的顺从局面。[165] 多伊奇对合作依然抱有坚定的信念，但在他看来，合作制度必须准备好承认并应对这些问题。

因此，之所以要朝着经济民主的方向迈进，并不是因为这样一来我们所有的问题都将迎刃而解，而是因为我们将面对的不再是当前这种“伟大”的问题，而是“足够好”的问题。因此，不能指望在追随波兰尼的主张，废除了劳动、土地和货币市场的全球社会中，这些领域的所有问题都将消失。存在着一些非常有趣但当前或许有些难以想象的建议，例如受到马丁·路德·金等人支持的保障性收入这一主张。不过，所有这些建议都必须从这一假定出发：它们只可能是足够好的，不会更好，也不会更差。[166] 任何新的经济制度都不会比足够好更差，因为我们的目标就在于逐步设计出一种能够保障所有人过上美好与充足生活的社会。在这样一种经济制度下，我们工作不是为了过上伟大人物那种过于奢侈的生活，而是为了开发多数人身上巨大的能量。不过，新的经济制度也不会比足够好更好，因为这种制度必须准备好应 184
对复杂、艰巨的问题以及难以避免的失败。只有预先假定会出现失败，我们才能为将来的麻烦做好准备。[167]

限制地位经济

本章的大部分篇幅都被我用来讨论，如何创造一个能够令所有人过上足够好的生活的、相互连接的世界这一宏大的社会动态机制。为做到这一点，我关注的主要是经济学理论。不过，正如我在这里以及在此前的章节中指出的，经济不平等并非是促使我们的社会以追求伟大为导向的唯一原因。这样一种社会还是弗雷德·赫希所谓的“地位经济”的产物。我使用这一术语，来指代从奖励、领袖地位、海滨豪宅，到相较于给予他人关注，某人从朋友、导师或爱人那里获得的更多关注等多种事物。地位经济同样可能成为残疾歧视、种族歧视和性别歧视盛行之地，因为哪怕在物质财富相近的人之间，自觉或不自觉的偏见也可能对谁能赢得工作岗位、奖励、关注度或尊重产生影响。[168] 在实现经济民主的同时，还必须在这些身份领域内不断争取平等的权利。

地位经济的存在，被哲学家罗伯特·诺齐克（Robert Nozick）等自由意志主义者当作驳斥物质平等这一理念的论据。诺齐克表示，哪怕我们摆脱了财富方面的巨大差别，我们仍会通过其他方式来相互比较，并创造出新的权力中心。[169] 类似地，弗洛伊德也怀疑，克服物质不平等这一问题，能在多大程度上有助于遏制侵犯行为和社会不和等问题。他认为这些问题的根源在于性竞争，而不是经济竞争。[170] 在某种意义上，这正是我在本章开始时提出的那一
185 问题的推论：正如人际关系会受到社会制度的制约一样，社会制度也可能因人际关系的悲剧而遭到破坏。

数位科幻作家曾在其作品中考虑过这一问题，例如科里·多克托罗（Cory Doctorow）的《魔法王国受难记》（*Down and Out in the Magic Kingdom*, 2003）一书，以及乌尔苏拉·勒甘（Ursula Le Guin）的《被剥夺者》（*The Dispossessed*, 1974）一书。在多克托罗的小说中，自动化治愈了稀缺与死亡等问题，人们可以长生不老，能够体验不同的冒险，不必担心食物或健康问题。但由于地位经济依然存在，他们便会用“物非”（whuffie）这种衡量声望值的货币进行交易。（多克托罗并未探究声望经济中继承来的偏见这一潜在问题。）一个人收集的物非越多，能够做的事情也就越多，包括掌控迪士尼乐园，而这也正是小说的主要情节。在勒甘的《被剥夺者》中，人们在邻近的月球上建立起了一个激进的无政府主义殖民地。“财产自由意志主义”（propertarianism）被废除了，人人都为了集体而生活。在这块殖民地里，人们在教育孩子时会说“不得自私”，就如同现实中会说“要说‘请’和‘谢谢’”一样。物质上的不平等在很大程度上已经消除了，但地位不平等仍十分严重。专业知识——或者具备拥有专业知识这一名声——变得格外有价值。虽然无法积累物质财富，但受聘的专家仍然因有权作出重大决策而感到满足。

在对多克托罗小说简短、敏锐的书评中，彼得·弗雷兹（Peter Frase）指出，该小说正确地构想了这一点：就连物质富足也无法克服权力问题。尽管如此，他认为假定新的地位经济仅仅是旧的物质经济的翻版，这种想法是错误的。在物质经济中，危险在于某种价值——金钱——盖过了所有其他价值。而在物非的世界里，人们却可以通过许多行为获取声望。这种社会与沃尔泽以及其他美德伦理学家曾畅想的社会

186 有些类似（我在第二章中曾讨论过这一点），它“并非一个没有等级次序的世界，而是一个有着多种等级次序的世界，其中没有哪种等级次序优于其他等级次序”。[171] 勒甘的小说尽管对一度激进的无政府主义社会的僵化提出了批评，却在结尾处发出了甚至更为强烈的支持平等之声：当被小说的主人公用行动重新唤醒之后，民主与去中心化等社会的核心价值观又得到了捍卫。

这些替代性愿景在一定程度上说明了为何地位经济不同于物质经济。尽管我很尊敬弗洛伊德，但性竞争的确不像经济竞争那样，具有左右全局的力量。这在很大程度上是因为，财富能生出更多财富，一名情人却无法催生出更多情人，也无法将这种关系一代代地传递下去。此外，经济不平等能够更加容易地转化为其他种类的权力。正如莎士比亚在《雅典的泰门》（*Timon of Athens*）中写下的那句名言：金子“可以使黑的变成白的，丑的变成美的，错的变成对的，卑贱变成尊贵，老人变成少年，懦夫变成勇士……这黄色的奴隶，可以使异教联盟，同宗分裂；它可以使受咒诅的人得福，使害着灰白色的癞病的人为众人所敬爱；它可以使窃贼得到高爵显位，和元老们分庭抗礼……”。[172] 声名的确也能产生类似的效果，里根和施瓦辛格能够当选加州州长，艾尔·弗兰肯（Al Franken）能够当选参议员，都是拜其所赐。然而，在这名喜剧演员进入美国参议院之时，约半数参议员可都是百万富翁。[173]

尽管如此，仍然会出现这一问题：假如财富在社会上的意义降低了，那么最终是否只会出现美国半数参议员都是前演员的局面？对足够好的生活而言，这构成了真正的困境，因为需要再次说明，我们在此追求的生活并非仅仅要让所有人在物质上都感到充足，还要满足我们的社会与心理需求。被剥夺了权利、只能任凭他人作出会左右自己生活的决定，对于个人与社群而言，这种感受都是有害的。由于与经济问 187
题相比，纠正地位经济中的不平衡局面所获得的关注要少得多，所以我觉得那些潜在的解决方都只具有暂时的意义，尽管它们已足够丰富。

我们可以从一个十分糟糕的地方出发，开始考虑这一问题：奉行普里莫·莱维所称的“残酷法则”的奥斯威辛。我在前一章曾讨论过相关内容。再次说明，在莱维看来，《马太福音》里的一句话堪称这种法则的最佳注解：“凡是有的，还要给他；凡是没有的，都要拿走。”莱维相信，文明的生活会阻止这一法则产生效力，保证任何人都既不会拥有过多，也不会拥有过少。

然而，在莱维讲述其经历的二十年后，社会学家罗伯特·默顿（Robert K. Merton）又重新提起了《马太福音》里的这句话（尽管他似乎并不知道莱维曾引用过这句话），发明了“马太效应”这一术语。在默顿看来，这一法则并不仅限于无比不公的环境中，而是一种普遍有效的规律，描绘了社会中收益累积的方式。通过对诺贝尔科学奖得主接受的采访加以研究，并将其成就与未得过诺贝尔奖者加以对比，默顿发现了这样一种规律：“著名科学家因其对科学的贡献获得的声望不成比例地高；相对不知名的科学家，即使作出了与著名科学家相当的贡献，获得的声望也会不成比例地低。”[174] 当然，默顿的意思并不是这些著名科学家配不上他们的声望，而是他们一旦成了名，其声望就会如滚雪球一般越来越高，常常到了遮蔽其他人颇有价值的贡献的程度。你可能会认为，好吧，这也不算太糟：这种“马太效应”与莱维所描述的那一种可有着天壤之别。这种想法无疑是正确的，除了都曾提及《马太福音》，二者也不具备可比性。我之所以重新提起莱维，只是为了强调各种“马太效应”——即一切不断地给予某些人奖励，并不断地剥夺另外一些人的制度——都是有害的，尽管其表现方式可能截然不同。

188 可以考虑更为寻常环境中的这样一种情境：针对全国所有将毕业的环境科学家设立了一项顶级奖项，获奖者将赢得数百万研究资金。尽管有上百名完全够格的科学家提出了申请，但只有一人能够胜出。和所有申请过程一样，没有谁一枝独秀，有十五到二十人看上去都配得上获奖。陷入僵局的组委会最终选中了与自己的研究兴趣最为接近的申请者（他们当然会认为自己这方面的研究是最重要的）。结果表明，出于当时人们不可能得知的原因，这一研究计划其实并不出色（这不是申请者或者组委会的错；只有完成实验后才能得出这一结论）。而某些未赢得这笔奖金的研究计划原本可能促成重大突破，但永远未能成为现实。事实上，或许是由于其科研能力远胜于其写作能力，提出这些研究计划的科学家，从未获得认可。与此同时，该奖项的得主尽管在科研上并不成功，却享有曾赢得这一最高奖项的声望。在筹措到又一笔奖金之后，组委会想到，“好吧，这个人曾被认为是最优秀的，所以他可能真的是吧”。于是，这一类科学家便不断赢得该奖项。他们的某些研究计划很好，某些很差，但声望无论如何都会累积起来。另一方面，失败者则会继续失败。在只有赢家才能飞黄腾达的竞争性求职环境中，这种现象不仅意味着职业生涯可能被摧毁，还意味着某些最为出色的研究计划将遭到埋没。

想要抵消这种倾向，存在着某些显而易见的方式。其中之一是匿名评审，在此过程中先前的成就将不予公布。这意味着不得写推荐信，也不得提供简历。除了用于审阅期刊投稿，这种程序极为罕见，部分原因在于过往表现能说明一定问题，另外部分原因则在于这只会消除对于申请者本人的偏见，而无法消除对于研究计划本身的偏见。另外一种正逐渐 189
流行起来——尤其是在科学界——的方案是，通过抽签来发放奖励。[175] 不是所有申请者都有资格参与抽签，而是要先筛选一番，以保证总体质量。还可以通过各种加权因素来保障获奖者身份的多样性，从而帮助抵消与导师关系亲密等其他有利因素。抽签这一方式能够保障上乘的质量，抑制“马太效应”，并向主流之外的研究计划敞开大门。[176] 因此，在削弱威望这一地位经济之权力的过程中，这种做法可能会成为关键的一环。

一种更为激进、与足够好的生活甚至更为一致的方案在于，通过为大家发放等额的奖金，来削弱颁奖引发的马太效应，避免由此产生地位权力。这一理念在科学界同样赢得了越来越多的支持。在想清楚颁发奖励的困境何在这一方面，科学界似乎远远走在了艺术与人文等领域的前面。[177] 这或许是因为科学家对这种现象更加感到不满。例如，近来一项有关科学家的研究发现，高达97%的受访者都表示，自己花在申请过程上的时间超过了花在实际科研上的时间。几乎同样多的人——95%——希望这种制度能有所改变。[178] 研究者还发现，如果向所有具备资格者（这一门槛相对较低）发放等额奖金，那么剩下的资金仍将足以支持重大研究项目（更不必提合作性研究计划的数量也会增多了）。[179] 不仅更多的研究计划将得以展开，人们也不必再将全部时间都花费在申请过程上了。

可以想象一下，将这些实践应用于其他追求成就的领域时，情形会是如何。例如，雅典民主制就通过抽签来决定谁将成为管理城邦事务的代表。这一制度的目的不仅在于确保
190 没有人能掌权太长时间，还要保证人人都具备实行有效管理的能力。将这一制度加以改进，便可能在现代民主国家发挥作用，再辅以为任何有志者提供的免费培训，制定严格的申请流程，并确定“足够好”的筛选标准，以确保申请者有道德、诚实、了解当前问题。至少，这种方式将使得在筛选中脱颖而出者当选，而不是由最好的竞选者、筹资者，或煽动者当选。最近还有人建议，可以通过这种方式在任命美国最高法院法官一事上消除党派恨意。[180]

还有人主张在更大范围内运用抽签这种方式。法律与政

治哲学家亚历山大·格雷罗（Alexander Guerrero）建议实行他所谓的“抽签统治”（lottocracy）。[181] 在格雷罗设想的这一制度下，权力并非集中在某个单一的、经选举产生、由被认为最具才能者（即凭才能实行统治者）组成的立法机构手中，而是由随机选出的公民（即抽签产生的统治者）组成多个立法机构。这些公民将被赋予时间和资源，以便仔细推敲各个问题。正如主张“抽签统治”的另一名理论家埃莱娜·朗德莫尔（Hélène Landemore）所指出的，这一制度的部分逻辑在于，选举往往会青睐有权有势者、富人、人脉深厚者、高个子、魅力非凡者以及雄辩者。显然，这些素质无助于制定更好的政策。[182] 这一制度不是要把生而富有、高挑或魅力非凡这些好运隐藏起来，而是要将某种更为平等的好运作为某人被选中的依据。问题不再在于个人的成就，而在于确保公民普遍具备高素质，从而使得任何人在任何时间都能够满足代表人民这一要求。

朗德莫尔的论述还不只限于因其是一种道德上的善，而主张扩大政治参与度。以世界范围内的各种实践为基础——从印度的村民大会（gram sabha），到巴西的全国公共政策会
议，再到法国的全国气候问题大辩论等一次性活动——朗德 191
莫尔提出，这些进程实实在在地促进了局面的改善。

这一研究是以数千年来各个强有力的以及被剥夺了权利的社群的实践为基础的。这些社群通过合作的方式，保障人人对自己的生活都拥有发言权。支持朗德莫尔这项研究的学术理论来自从事组织研究的学者路红（Lu Hong）和斯科特·

佩奇（Scott Page）。他们认为，在认知方面具有多样性的团队，其表现要比认知水平更高、但具有同质性的团队更加出色。朗德莫尔用这一形象的比喻来说明这种现象：同质性的团队或许可以登上某座山峰的顶点，但他们可能无法意识到，在自己忽视了的某块土地上，蕴藏着真正的资源。[183] 朗德莫尔认为，我们应该认识到，无论在规范意义上，还是在实践意义上，通过随机挑选这一民主程序组建的多样化小组，都要优于哪怕是由被视作出类拔萃者组成的小组。她将法国的“黄背心”运动（Yellow Vest movement）作为例证。法国政治精英为减少碳排放，决定征收天然气税，由此引发了这场运动。减少碳排放这一目标是正确的，但其方法必须满足多数人的需要，而不能只顾及有能力生活在工作场所附近的少数人。

以抽签为基础的模式还可以被应用于其他场合。在 18 世纪的巴塞尔大学，任命教职的过程是这样的：在确定了最优秀的三名候选人之后，通过抽签选出最终人选。[184] 近来巴里·施瓦茨也建议，通过他所谓“足够好”的制度来分配名校的入学名额。[185] 迈克尔·桑德尔同样强烈主张实行这一制度。[186] 按照这一制度，申请者在学习成绩和课外表现方面必须符合一定的基本标准。在制定这些标准时，可以根据系统性的不平等乃至个人经历，加入各种变量。在我看来，这些标准应当更重视市民参与和智识交流，而不是分
192 数。标准一旦确立，所有符合标准的申请者将参与抽签，以决定谁能入学。鉴于名校在招收学生的同时，也会将更多优秀

的申请者拒之门外，这一目前看起来武断、随机的制度反而显得更为诚实了。[187]

抽签制度的真正优势不只在于它们有助于我们发现更多足够好的申请者，还在于这些制度能够对足够好的生活作出重大贡献。就大学入学而言，如果你仅仅需要符合某些基本标准，而剩下的一切都无关紧要，那么你就可以找回快乐的童年了。你不必参加一切可能的活动（除非你真的感兴趣），可以花更多时间与朋友及家人待在一起。对于父母而言，这种制度也将使得这样的抉择失去意义：为了能把孩子送进哈佛大学，究竟是否要做一名中式虎妈。这种制度还将削弱这些名校或嘉奖的地位权力，因为如果一切都只由抽签决定，能够进入名校并非出于特别的理由，那么自命不凡感自然也将荡然无存。

在未发生系统性变革的情况下，个人仍然能够做到某些事情。如今在任何领域中，最为著名的精英往往都会占有大量机会与平台，从而令其他人遭到排挤。与其排挤，他们其实可以更多地专注于提携。例如，著名教授可以坚持要求其助手与自己分享主旨演讲的讲台；著名艺术家可以坚持要求与某位遭到忽视的同行同台演出。我们也可以给予此类行为更大的社会敬意。与其为某人又写了一本书或又画了一幅画而表示赞叹，我们不如为他们谦卑地放弃这样做，转而为他人撰写前言或书评而叫好。这样的社会敬意将注入威望经济之中。或许更多的奖项可以被分享，而不是只归一个赢家所 193
有。（谁会觉得奥斯卡奖得主就是最出色的影片或电影人呢?）或许还可以为未受到认可之人颁发更多奖项。

开放性竞赛同样有好处。我之所以有机会写作本书，正是因为赢下了一场“哲学评论”竞赛。这些竞赛是很好的，因为它们具有开放性，不拘泥于小圈子和名声。不过，换作另一位评审，被选中的可能就不是我，而是同样够格的其他人了，此人将有机会写作自己的作品。与我的作品相比，他们的作品对世界做出的贡献可能更大，也可能更小。我们永远无从得知。而且由于具有才华者的数量总是要比受到关注者更多，才华的种类也总是要比受到重视的才华种类更多，关键就不能仅仅在于奖励优胜者。因此，系统性的变革势在必行。

正如弗雷德·赫希很早之前就曾提出的，或许削弱地位经济的最重要途径就是减少为优胜者提供的奖励。[188] 要想做到这一点，最简单的方式是提升各类公共事物的可及性。如果有更优质的公立学校，私立学校的优势就会减弱。优质全民医疗也会对支付更昂贵医疗服务者的特权构成限制。能够让每个人每年轮流住上几周的海滨住宅，将减轻所有人为购买一处度假住所而努力挣钱的压力。可以通过抽签的方式分配头等舱机票，或者还可以采取更好的方式：取消不同舱室的差别，令飞机上的所有座位都一样舒适。（如果有人认为，这种做法不符合理性的商业模式，那么我倒是想知道他们对这一问题怎么看：人类有能力实现飞行这一了不起的成就，却无法让飞机上的所有乘客都感到同样舒适。）再次说明，这些措施有利于社会中的几乎所有人：我当然希望拥有

自己的海滨住宅，但我更愿意人人都能轮流享受由州、社区
或是集体运营的度假设施，而不是让那些豪宅在一年的大部 194
分时间里都处于闲置状态。与某些人认为的相反，将商品社会化并不会消除个人偏好。相反，这将使得如今因缺少财富而被剥夺了个人偏好的数十亿人，终于能够表达并不时地实现自己的渴望。

在《我们的总和》一书中，希瑟·麦吉就社会地位的另一方面内容——即种族主义——对上述所有领域有着怎样的负面影响，作出了重要的论述。正如我在第二章中所提到的，麦吉对一个又一个问题加以考察，表明了认为某种族优于其他种族的观念仍在不断地催生阻碍各种族进步的政策。以政治经济学家李宇珍（Woojin Lee）和约翰·勒梅尔（John Roemer）的作品为基础，麦吉提出，种族等级次序这一地位经济是导致美国的社会民主主义物质经济遭到破坏的一大重要因素。[189] 她认为，超越种族主义将带来有利于所有人的“团结红利”。她借用书名中“总和” （sum）的谐音（some），用诗一般的语言总结道：“假如‘我们人民’这句话中的‘我们’，不只是我们中的某些人，而是我们所有人，那么我们会变得更加出色。我们将因我们的总和而变得更加了不起，并且比我们的总和更加了不起。”[190] 我只想补充一点：“我们的总和”不只限于美国——当世界不再致力于保证某些人能成为伟大人物，而是致力于将所有人都纳入其中时，整个世界都会变得更加美好。

话虽这样说，但上述解决方案都不是完美的。这些制度

都有着显而易见的缺陷与风险，对此我们必须保持警惕。诺齐克、弗洛伊德、多克托罗和勒甘等作家，以及无论阶层平等状况如何，种族歧视和性别歧视仍持续存在这类日常事实，都在提醒我们注意这一点。再次说明，之所以应该将“足够好”作为我们的目标，原因也正在于此：这会提醒我们，到头来这些解决方案也有自己的问题需要加以解决。这
195 种看法也是正确的：对于那些对子女不一视同仁的父母，或是因为爱意未获得回报而感到苦涩之人，足够好的生活是无能为力的。在社会、人际关系乃至个人层面上，都不存在任何能够解决这种问题的措施。然而，之所以要变得足够好，全部原因也正在于此：我们要学会去欣赏失败，习得应对生命中在所难免的苦难的技能，学会将自己的生活视作由意义、充足与局限构成的联结上的一个节点。

一项思想实验

或许到了这里，我已经失去了你们当中某些人的支持。你们或许会点头赞同我提出的个人与家庭价值观，但认为此时我已经走得过远。你们或许正在想象一个缺少对于奋斗与创造的激励机制、平庸且令人不快的世界。你们或许认为这些计划将导致我们失去人类的丰富多彩性这一奇观。我不认为情况会是这样，我也不愿意支持这种局面。我坚定地相信，由于限制了能够探索人类潜能者的人数，以伟大为导向的社会对人类的潜能造成了巨大的破坏。我相信，足够好的

生活将继续释放当下许许多多未受到足够赞赏者被抑制的能量。我相信，对各种事实的理性思考将令我们所有人都得出这一结论。

不过，足够好的生活可能依旧无法吸引你。或许与我描述的那种抽签制度相比，你更青睐当前这种抽签制度。事实上，当前的世界正宛如一次抽签。兼具才华、勤奋和运气，你就可能成为赢家，获得全部奖励。而在足够好的世界里，尽管你永远不可能获得全部奖励，但你会被承诺将赢得公平的份额。因此，让我们尝试一项借鉴自哲学家约翰·罗尔斯（John Rawls）的思想实验吧。[191] 设想你必须在以伟大为导向的世界和以足够好为导向的世界之间作出选择，而且你并不 196
知道自己在这两种社会中将占据怎样的社会地位。你完全了解，无论自己做什么，偶然因素都可能令你在其中的某种社会登上顶峰或坠入谷底。那么，你究竟希望生活在哪种社会中？

让我们弱化这一实验的假设性。设想你实际上是身处当前社会等级次序顶端的幸运赢家。你拥有最好的住房、食物、教育、医疗、娱乐与闲暇。你决定外出徒步旅行。你扎下营地，拥有出色的向导、食物以及一切。某天，你经历了严重的心脏病发作。由于最好的医院全都位于城市和郊区，你身处的农村地区刚经历了大幅经费削减，于是你便不可能获得适当的救治。这样一来，你仍然希望生活在这样的世界里吗？在你不需要时，你能获得最好的医疗；但当你真正需要时，却无法获得救治。还是说，你更愿意生活在能够保障所有人在所有地方都能享受到足够好的医疗的世界里？此外，假如徒步者并非是你，那么就设想此人是你的孩子、朋友、远亲，又或是某个素昧平生之人（假如你过去或未来的遭际有所不同，就将过上与其相似的生活）。你仍然确信自己会为了有机会拥有一切最好的东西，而冒这样的风险吗？

你可能会像哈耶克那样回应称，这一问题无关选择，只关乎人性。人们出于本性便会追求登上社会金字塔的顶端，而倘若限制他们，就势必沦为暴政。我不能否认，某些对地位的追求，的确是人性的部分内容。但人性还有其他成分，而且我们的目标也不应是向会毁灭我们的东西屈服，而应是拥抱那些将提升我们的东西。在下一章中我将提出，对于拯救这个星球而言，这样做可能是必不可少的。而在这个星球上，任何一种生活，无论是伟大的、卑微的，还是足够好的，都可能会发生。

第五章
我们的地球

截至目前我试图说明，在个人生活、人际关系与社会生 197
活层面上，对伟大/拔尖的追求都会自我挫败。不只是最终目标永远无法实现，在这一过程中，我们还会伤害或者破坏我们本可创造出的许多有意义的寻常体验。我主张重新关注这些体验，学习共同构建一个可能仍不完美，但旨在为所有人提供美好与充足生活的世界。这一过程中的每一步都是相互关联的：通过体现个人生活中、人际关系中以及社会形态中的各种意义，我们增强了创造为了所有人足够好的生活的能力。所有这些步骤都十分重要。不过，如今之所以需要接受足够好的生活，最为重要的原因可能存在于我们与自然界的关系之中。在这一领域，追求伟大这一态度正对维系着我们生命的环境构成威胁，对其造成的破坏可能会到达覆水难收的地步。

不过，在我们探讨这一宏大的问题之前，需要先考虑清楚，我们应怎样看待人性。毕竟，针对对追求伟大这一世界观的批判，最为常见的回应之一就是，对此我们无能为力，

它镌刻在我们的 DNA 之中；受到进化过程的驱使，无论如何我们都会寻求登上金字塔的顶端。人们常常表示，即使并
198 非所有人都是如此，至少某些人的确符合这种情况，例如领袖人物、一流人物、英雄人物。此外，从种族主义的角度出发，人们有时会表示，追求伟大乃某些文化或种族的使命。由于我假定本书的大部分读者并不持有后一种观点，在此我就不予以展开了。不过我将花上一些时间，说明我们为何并非注定要追求伟大。我们必须超越与追求伟大相关的神经学假定，这一点至关重要，因为若非如此，我们就忍不住会认为：是的，专注于保护令生命成为可能、美好与充足的自然界，这种做法是正确的；然而，人就是人，他们几乎必然会开发自然、过度生育，并造成严重的破坏。

你还可能怀疑，对于气候变化这一灾难性的问题，以足够好的方式予以回应是否有价值。如果我们在口语意义上理解“足够好”一词，即仅仅做到最低限度，那么在这一点上你是对的。我也希望通过简单的改变就能避免气候灾难。我也希望用可重复使用的瓶子代替塑料瓶，减少飞行次数，将汽车换成混合动力型，在家里安装太阳能发电板，以及种更多树，就足以抵御各种负面效应。这些做法固然都很好，但仍不足够。事实上，这些举措为时已晚。正如《不宜居住的地球》（*The Uninhabitable Earth*）一书的作者大卫·华莱士-威尔斯（David Wallace-Wells）用严峻的话语告诉我们的，“我们已经告别了当初使得作为动物的人类得以开始进化的那种环境状态”。[1] 在这样的地球上，我们无疑还能继续生存下

去，但根据2019年世界气象组织关于气候变化问题的报告，“就达到《巴黎气候协定》呼吁的将升温控制在1.5°C或2°C以内这一目标而言，我们目前已远远偏离了方向”。[2]我们已经见识到了，当升温达到1.1°C时会出现怎样的后果：数百万人沦为气候难民，自然界发生大规模物种灭绝，出乎预料的天气现象层出不穷，生命财产损失高达数十亿美元。[3]

再一次地，种族主义、阶级主义和殖民主义等历史导致 199
这些苦难的分布是极为不平等的。2020年时，一份有关富裕程度对于气候变化影响的研究综述指出：“全世界收入最高的10%的人口要为25%至43%的环境影响负责。相较之下，全世界收入最低的10%的人口，仅仅造成了3%至5%的环境影响。”[4]然而，部分由于地理位置使然，世界上较贫穷国家更有可能受到气候变化所导致的破坏的冲击。这不仅会导致家园、生计与生命受损，还会加剧外债这一长期存在的问题。哪怕较富裕国家继续从这些较贫穷国家那里攫取价值，哪怕这些攫取行为会导致环境退化，较富裕国家也依旧会要求贫穷国家为已经偿付了本金的贷款支付利息。[5]当下的环境危机是建立在（至少）长达数十年的“环境种族主义”基础之上的。本杰明·查维斯（Benjamin Chavis）于1980年代提出了这种说法，指的是利用不平等来系统性地将环境问题倾泻给边缘社群这一制度化过程。[6]对这些危机作出回应的需要，意味着有色人种和贫困人口常常冲在争取环境进步运动的最前线——尽管媒体的报道常常并非如此。[7]例如，美国的一项研究就发现，有 23%的白人对气候变化感到担忧，而对此感到担忧的黑人占比达到了这一数字的两倍多，拉丁裔人口中对此感到担忧者的占比更是接近其三倍。[8]

面对气候灾难这一前所未有的局面，希望通过追求伟大的方式来将其克服，这种心态是合乎逻辑的。有些人相信，如果我们给予最聪明的人士足够多的金钱，并且任凭他们收获最大回报，那么通过新的绿色能源解决方案，我们所有人都将受益。另外一些人则相信，如果我们能够找出最了不起
200 的领袖人物并赋予他们权力，那么其他所有人就可以坐享其成了。这些想法都是可以理解的。鉴于当前应对气候灾难方式的惰性，以及迅速改变世界的迫切必要性，我们或许不得不稍稍依赖于了不起的行为方。然而，依靠少数伟大人物的问题总是在于，这将扼杀足够好的多数人身上巨大的能量与才干。这使得我们会依赖于自己掌控之外的制度，导致大多数人感到愈发焦虑与不安，丧失在我们的世界中成为一股积极力量的能力。同样地，这还会引发精英之间的争斗。截至目前，在这场争斗中，贪婪、渴望权力的犬儒分子压倒了孜孜不倦地寻求适当政治解决方案的那些人。

而且哪怕“好的精英”在这场争斗中胜出，结果可能仍需要依靠某种新的清洁能源技术。这种技术带来的经济收益将进一步分化我们的世界。一个由超过 20 名专家组成的团队就如何令经济去碳化提出了一项重要的全球模型。这一模型显示，我们甚至可能并不需要多项新技术。该团队认为，专注于技术变革会导致我们忽视这一事实：真正亟须的是减

少挥霍式消费，以及推动向已经存在的绿色能源转型的政治意愿；这样一来，气候问题在短期之内便能得到解决。[9] 而且，宣扬这样一种理念，即绿色经济将催生为了所有人的足够好的生活，而不是让某些科技公司赚得盆满钵满，或许更有助于说服更多人加入这一事业中来。

专注于依靠伟大的领袖人物与发明家来拯救我们，这种想法还忽视了，追求伟大这一意识形态正是导致我们陷入如此境地的部分原因。一段时间以来，哲学家和思想史学家已经开始认为这种说法有可能是正确的了。例如，在完成于 1944 年的精炼论著《启蒙辩证法》（*Dialectic of Enlightenment*）中，特奥多尔·阿多诺（Theodor Adorno）和马克斯·霍克海默（Max Horkheimer）就认为，对于自己能够掌控自然的信念，促使人类产生了应掌控彼此的信念。[10] 1967 年，历史 201
学家林恩·怀特（Lynn White）提出，《圣经》中人类支配自然这一理念，引发了当代的生态危机。[11] 近年来，从事心理学、社会学与生态学交叉研究的学者发现，面对气候变化的无动于衷态度，与所谓“社会支配导向性”——这是一项衡量人们对于社会中等级次序及不平等状况认可程度的指标——之间，存在着惊人的相关性。人们越是认可等级次序，就越可能认为人类不必为气候变化感到担忧。

对于这种现象的解释之一在于，在等级次序这一理念与人类主宰自然这一理念之间存在着相关性。认为某些人应该支配或统治其他人的人士，往往也会认为自己能够掌控并征服自然。希瑟·麦吉和基尔斯蒂·于尔海（Kirsti M. Jylhä）

提出了另一种可能的解释。她们认为，这不仅关乎支配感，还涉及这样一种信念："理应"受到保护之人——即登上了等级次序顶端的那些人——在气候变化导致的后果面前将得到拯救，幸免于难。[12] 在某些方面，这些人的想法的确是对的：居于顶端之人能够享受到其他人无法获得的保护。然而正如麦吉所言，他们受到的保护仍是有限度的，因为我们都"生活在同一片天空之下"。[13] 正如过去几年间频发的洪灾与山火所表明的，在气候迅速变化引发的灾难面前，没有人能够独善其身。因此，有利于所有人的对足够好的追求，之所以优于仅仅有利于某些人的对伟大的追求，又多了一个理由。

有些读者可能会反驳称，这只不过表明我们对自然的掌控水平还很低。我们是伟大的，自然界也是伟大的，将我们的伟大汇聚在一起，有朝一日将造就一个伟大的世界。我们要做的就是不断努力。根据这一逻辑，我们就如同神话中在
202 长达数世纪的时间里不断努力将一块巨石推向山顶的人物一般，一旦我们就此放弃，巨石就会滚落，我们就将前功尽弃。

我们并不是第一个产生这种信念的社会。公元 5 世纪时，来自波利尼西亚的探险者在小岛拉帕努伊（Rapa Nui）扎下了根。岛上满是动植物以及火山岩。在接下来的 8 个多世纪里，这些人在这个面积仅为 166 平方千米的岛上安居乐业，人口增长到了约 10 000 人。随着活动范围的扩大，他们开始修建巨石像（moai），以纪念自己的祖先。他们修建巨石

像的材料是火山岩，这些巨石像高达 9 米，重达 80 吨。他们还利用岛上丰富的森林资源，修建了复杂的运输系统，将巨石像从小岛中部的采石场运至边缘处的山上。年复一年，他们修建的运输设施越来越多，砍伐的树木也越来越多。再加上被他们带到岛上的老鼠破坏了树木幼苗，他们很快就发现岛上已是一片荒芜。当一艘荷兰船只于 1722 年复活节那天抵达这座小岛时——因此欧洲人便称呼该岛为“复活节岛”——他们发现这里已变成了荒地，只有数百名幸存者还生活在这里。[14]

我是从人类学家、小说家罗纳德·赖特（Ronald Wright）那里得知这一故事的。赖特将这种历史现象称为“进步陷阱”。他写道：“进步有着一种内在逻辑，它可能使人失去理性，引发灾难。成功那诱人的踪迹，通往的可能是某个陷阱。”[15] 正如赖特以及其他人所指出的，拉帕努伊岛的故事令人惊叹之处在于，岛上的居民可能早已知道自己身处陷阱之中。由于岛的面积很小，他们可能能够发觉，岛上最后的树木将遭到砍伐。不过他们还是这样做了。或许他们怀有这样一种信仰体系：纪念祖先要比保存树木更加重要。或许他们并未意识到老鼠对树木幼苗的破坏有多么严重。或许他们实际上并未将岛上的树木砍光，而是生态系统的改变导致了 203
“转折点”的突然到来，就如同亚马孙雨林如今面临的威胁一样。[16] 或许除了某个强大的阶层，所有人都知道将发生什么，而这个阶层垄断着岛上的暴力。情况究竟如何，我们不得而知。但我们知道他们给我们上了恐怖的一课：当最终将巨石推上山顶之后，实现了这一了不起成就的我们举目四望，很可能发现地球已难以维系人类的生存。

一切皆可注定

考虑一下这两种对于早期人类生活状况截然相反的描述。一种说法认为，早期人类生活是“肮脏、粗野、短暂的”。暴力横行，没有法律，疾病肆虐。另一种说法则认为，早期人类生活更如同田园诗一般。人与人之间、人与自然之间都处于和谐的状态。他们的生命可能很短暂，但充满了安宁与喜悦。前一种描述出自17世纪哲学家托马斯·霍布斯（Thomas Hobbes）。如果你相信这种说法，那么你可能会认为在接下来的数千年时光里，除了进步，还是进步：我们创立了法律、医学与文明。无论当下的某些特征是如何不平等，如何令人感到不快，我们都不得不承认，与过去相比，当前实在是美好得多，因此无论将我们带入今天这种状态的进程是怎样的，我们都应对其致以敬意。[如今，史蒂文·平克（Steven Pinker）就是这种世界观的著名拥趸。[17]]后一种描述常常被与18世纪的哲学家让-雅克·卢梭联系在一起。如果你相信这种说法，那么你可能会认为我们的进步只是徒有其表。我们的确变得更健康了，寿命也延长了，但战争的数量增多了，我们也变得更加愤怒了。我们还背叛了自己善良的本性。[吕特赫尔·布雷赫曼（Rutger Bregman）是这种世界观的著名拥趸。[18]]

两种说法都不完全正确。正如我在第一章中所指出的，有大量证据表明，早期人类生活实际上相当舒适，充满了闲 204
暇。然而，战争、暴力和不安在生活中同样占据着相当大的比重。霍布斯-卢梭之争的问题在于，这使得人性看上去不是善的，就是恶的，但经验却相当明确地告诉我们，人类既能够作出极为慷慨的举动，也可能作出摧毁人意志的残忍行为。于是在这场争论中，真正的胜利者或许要数其后辈伊曼努尔·康德（Imannuel Kant）。康德认为，人性的特征既非善，也非恶，而是以这种或那种方式采取行动这一“选择的自由”。康德并不是指我们生而是自由的，而是指通过努力打造我们的构成方式（既包括作为个人的构成方式，也包括政治上的构成方式），我们便可以成为那种能够更经常地作出正当行为的存在。[19] 我并不完全赞同康德的观点，但我认为他的基本理念是正确的：我们并非注定是善的或恶的，这些倾向必须通过各种冲动的相互竞争才能表现出来。我们既可能以更为善良的方式，也可能以更为恐怖的方式，重塑我们的世界以及我们自己。[20] 人性既为我们提供了能帮助我们变得更好的资源，又含有毁灭我们自身的种子。我或许可以认为，我们既非善，也非恶；既不伟大，也不卑微；我们只不过是足够好而已。

灵长类动物学家弗兰斯·德瓦尔（Frans de Waal）在《我们体内的类人猿》（*Our Inner Ape*，2005）一书中给出了更多证据，表明我们具备上述多样的潜能。据德瓦尔表示，作为人类，我们的部分构成要素就在于继承自黑猩猩的基因。

我们在基因上的近亲之一黑猩猩，以强大、地位高的雄性为中心，建立起了严密的等级结构。按照霍布斯的说法，故事可能就到此为止了，我们永远无法逃脱内心深处的暴力因素以及对权力的追求。但德瓦尔继续写道："幸运的是，在我们体内存在两种、而非一种类人猿。"原来，我们从倭黑猩
205 猩那里继承的基因物质，和从黑猩猩那里继承的一样多。倭黑猩猩是一种以雌性为中心的、合作性的、友善的物种。在德瓦尔看来，体内存在两种类人猿，"这使得我们能够为自己构建出一幅比过去二十五年间的生物学观点所认为的要复杂得多的形象"。[21] "从最低劣，到最高尚，我们继承了各种倾向。"[22] 作为个体以及作为物种，决定"我们是谁"的并非自然，而是"我们曾是谁"、"我们能变成怎样"、"我们如何反思这一进程"，以及"作为回应我们能够建立怎样的机构"等相互纠缠的复杂问题。

认知科学的最新研究成果进一步突显了"我们是谁"以及"我们能变成怎样"等问题的复杂性。我们中的某些人可能生来就具有更强烈的这种或那种倾向（更具雄心或更加慵懒；更慷慨或更悭吝），这一点固然是正确的，但同样正确的是，我们成为怎样的人，是与认知科学家所谓的"认知生态"这一因素——即更广阔的象征、文化与自然生态系统塑造我们思维的方式——密不可分的。[23] 认知生态模型打破了曾被奉为圭臬的关于人脑的"再现与计算模型"（representational and computational model）。后一种模型将人脑视为某种计算机；通过对其加以研究，便可理解其处理与分配信息的

方式。认知生态模型则按照“4E”认知学理论来看待人脑，视其为“体化的”（embodied）、“嵌入的”（embedded）、“外延的”（extended），以及“生成的”（enacted）。根据这种模型，我们无法对心灵本身加以认识（例如认为它注定要追求伟大），而只能将其视作与我们的肉体以及环境互动关系中的一部分。[24] 这种认知上的复杂性并未使得实现足够好的生活变得更加容易，因为涉及的层次实在是太多了。但它却使得实现足够好的生活变得更加可能。因为我们的 DNA 或大脑并未决定我们必然变成什么样，这其实是一段未确定的、动态的、持续进行的过程，因此我们也就不必担心，对 206
伟大的追求以及等级次序将不可避免地成为我们所处状态的一部分了。它们是我们蕴含的各种可能性的部分内容，但不是我们注定的命运。

对于我们在上一章中讨论过的问题，这一点同样十分重要。回想一下这部分内容：斯密和哈耶克认为，我们之所以必然会追求伟大，是因为“人类本性就是如此”。[25] 按照他们的逻辑，我们可能非常愿意生活在一个人人都能过上美好与充足的生活、任何人拥有的都不比其他人多多少的世界里，然而我们的本性并非如此。保守派政治哲学家托马斯·索厄尔（Thomas Sowell）认为，对人性的这种理解正是保守主义与较为进步的思想传统之间一道清晰的分界线。索厄尔将这两种观点分别称为“受到约束的”和“不受约束的”愿景。按照这种说法，斯密和哈耶克等怀有受到约束的愿景的思想家，倾向于通过建立大体上能够发挥作用的制度，来接受我们的缺陷。卢梭和马克思等怀有不受约束的愿景的思想家，则试图通过对“我们是谁”发动革命，从而实现彻底的正义。索厄尔认为，二者之间的根本差别在于，“是否将人的内在局限视作其愿景中的一项关键要素”。[26] 如今，这种观念依旧具有相当的吸引力。《纽约时报》专栏作家大卫·布鲁克斯（David Brooks）这样的温和保守派就常常用它来解释自己的政策主张。布鲁克斯写道：“在不受约束的愿景中，你会提问：解决方案是什么？在受到约束的愿景中，你会提问：实际上能够实现的最佳改革与取舍方案是什么？受到约束的愿景要更为明智。”[27]

在许多方面，追求足够好的生活就是要对现实怀有受到约束的愿景。它并不想象存在着能够解决一切问题的完美解决方案，而是相信，接受我们的局限性是明智的。然而我担心的是，保守派思想对“受到约束的”与“不受约束的”愿景进行的这种区分，是对人性问题的错误理解。这种观点
207 认为，人性有着一定的特点，因此我们制定的政策必须与之相适应。斯密和哈耶克正是用这一基本论点来捍卫他们曾声称反对的权力集中状况的。但由于人性如此具有可塑性，正确的问题就不在于愿景是受到约束的，还是不受约束的，而是我们希望为自己人性中的哪些成分施加更多或更少的约束。如果我们“体内存在两种类人猿”，一种追求等级次序与地位高低，另一种追求合作与平等，那么追求伟大这一愿景就会约束后者，追求足够好这一愿景则会约束前者。当然，这两种愿景都不会施加彻底的约束。在追求伟大的世界

里，依然存在着合作与平等，只不过较之原本可能的情况要少一些。在足够好的世界里，也依然存在某些等级次序和地位差别，只不过比我们如今所拥有的要少得多。这样一来，索厄尔认为保守派更加尊重人性以及人类局限性的观点就是错误的。我是在就约束人性中的哪些成分提出自己的主张，同样地，他也只不过是在就此作出自己的选择而已。

超越“适者生存”

有人可能会回应道，在体内的两种类人猿中，黑猩猩依旧占据着主导地位，因为始终存在着事关生存的竞争。这正是现代性为追求伟大辩护时提出的根本论点之一：它已镌刻进进化的逻辑之中。据达尔文表示，生命就是一场“生存斗争”。“物竞天择”这一主要动力“每日每时都在密切审视着全世界最微小的变化；淘汰那些有害的变化，保留并放大那些有利的变化；只要机会允许，无论何时何地它都会默默地、不带感情地发挥作用，改善各种有机体与其有机的以及无机的生存条件之间的关系”。[28] 这段文字会显得，无止境 208
地追求改善不仅是自然而然的，更是一种求生手段。

通过认可赫伯特·斯宾塞（Herbert Spencer）提出的“适者生存”这一表述与“物竞天择”表达了相同的意思，达尔文无意间令这种进化观获得了更多信任。[29] 达尔文之所以赞成斯宾塞的提法，是因为他担心“择”这个字会过于显得大自然的行为是有意而为之了。他的意思并不是自然有意识地选择了最有利的适应性变化，而是在生存斗争中，由于有助于繁衍，个体具有的最有利于取胜的那些属性便会被“择”出。正如斯蒂芬·杰伊·古尔德曾风趣地表示的：“在猛犸象进化出那一身长毛之前，天气早就变得更冷了。”[30] 然而，这些长毛猛犸象最后还是因人类活动、气候变化、近亲繁殖，以及对淡水资源的过度消耗遭遇了灭顶之灾。[31] “适者”不可能永远都是“适者”。

这既是进化过程的一大古怪之处，也是“适者生存”这一表述在解决了许多语言学问题的同时，又引发了许多其他语言问题的原因。对斯宾塞和达尔文而言，“适者”都不是个绝对的词。它的含义相当狭隘，指的是某个有机体适应其环境的过程。达尔文提醒读者注意：“还要记住这一点：所有有机体彼此之间以及与其物质生存条件之间的相互关系，是无比复杂以及密切贴合的。”[32] 因此在这种意义上的“适者”（fittest）一词，和“体育馆内最健美之人”（fittest）这种表述中的同一个词，指的就不是一码事。“适者”并非最美貌、最强壮、最有道德或者最有权有势的个体，而只不过是在某个复杂环境中最适于生存的个体。在个子高更有利于发现捕食者，从而及时逃脱的环境中，高个子的人就更有可能生存下来。在个子高会导致更容易被捕食者发现，从而更容易遭到攻击的环境中，矮个子的人就更有可能生存下来。
209 口语意义上的过于“健壮”，有时候反而会成为问题。例如考虑一下这一情况：许多健康的年轻人之所以会因感染新冠病毒而去世，原因就在于他们的免疫系统过于强大，对新冠病毒的反应过于激烈，引发了“细胞素风暴”（cytokine storm），导致健康的器官同样遭到了攻击。[33] 在正常情况下有利的适应性变化，在极端情况下往往会变得有害。例如科学家观察到，在干旱时期，体形最大的长颈鹿死亡也最快，因为它们需要摄入的卡路里量也最高。[34]

事实上，进化过程的后果之一就是，对环境中某些因素的适应常常会导致对其他因素的不适应。进化基因学家杰里·科因（Jerry Coyne）对多种场合下发生的这一情况作出了解释。人类生育就是个显而易见的例子。我们的大脑不断增长、变大，但为了更有效率地行走与奔跑，我们的骨盆却依然相对狭小。[35] 于是生育就变得无比痛苦了。有助于我们繁衍的其他适应性变化也可能产生类似的不利之处。例如，有助于增强男性性功能的基因，在其晚年可能会导致其前列腺增生。[36] 事实上，随着科学、文化与技术的进步，人类在“健康”（fitness）问题上面临着特别的烦恼。进化使得我们爱吃甜食和脂肪，因为它们能提供大量卡路里，从而减少我们需要的食物数量。如今，这同一套编码过程却导致了某些最为糟糕的健康问题。不过，我们很难丧失对于甜食和脂肪的渴望，因为（从人类进化角度出发，而不是从儿童时期的健康角度出发）这些不利的情况在人生的晚期才会发生，很少会对繁衍后代的能力产生影响。[37] “物竞天择”和“适者生存”的含义并不确切，这一点或许并不会令人感到意外。和进化过程本身一样，这两个词在解决了某些语言学问题的同时，又催生了另外一些问题。按照恰当的理解，进

化过程不会促使我们认为最伟大和最有权势者更有可能生存
210 下去。它反而对“足够好”的哲学作出了雄辩的两段式概括：问题催生解决方案，解决方案催生新的问题。生命及其与环境互动过程的复杂性意味着，不可能发生完美的适应性变化。

要想在这个不完美的世界里生存下来，我们需要彼此。达尔文可能认识到了这一点。他曾坚持表示，自己是在“一种宏大的、隐喻的意义上”提出“生存斗争”这一说法的。[38] 例如他曾写道：“人们会表示，生长在沙漠边缘的某种植物面对干旱在展开‘生存斗争’。不过更确切的说法是，其生存依赖于水分。”[39] 就这一例子而言，“生存斗争”不是发生在个体之间，而是一种集体努力。当然，有大量的例子表明，动植物会为争夺稀缺的资源而展开竞争，但达尔文在此作出的简要暗示却是，如同人性一样，竞争也不是注定的命运，而是一种选择。我们可以将生存斗争理解为一种针对彼此的无情过程，但我们也可以将其理解成帮助地球上尽可能多的物种活下来、活得好而展开的共同斗争。

即使在进化过程中，互助的成分与斗争的成分也同样重要，甚至更为重要，并且我们有充分的理由怀疑，是否应该参照自然史来理解人类生活。[40] 希望增强自己权势的各群体或民族，会用一切理由来为自己的行为正名。没有达尔文，人们照样可以以“生存斗争”和“适者生存”为由，来为某些群体奴役、强暴、劫掠乃至试图灭绝其他人的行为辩护。不过，认为某些“伟大种族”可能在事关繁衍生息的生存斗争中失利的想法，的确为19世纪以及20世纪某些最为恶劣的暴行提供了意识形态养料。事实上，这种双重动机在许多种族主义暴行中都发挥着关键作用，其原因不仅在于某些群体自认为有多么伟大，还在于一种无逻辑的、建立 211
在仇恨基础上的恐惧：某些其他群体会稀释自己的基因库，导致其变得“不那么伟大”。

这是一种对于“退化”和“混血”感到恐惧的基本情绪。这种观念正是美式种族主义与纳粹主义的共同之处。正如《希特勒的私人图书馆》（*Hitler's Private Library*）一书的作者蒂莫西·里巴克（Timothy Ryback）所言：“希特勒最珍视的有关美国的书是《伟大种族的衰亡》（*The Passing of the Great Race*，1916）。该书的作者麦迪逊·格兰特（Madison Grant）声称，美国的伟大是以其国父的北欧渊源为基础的，但这一点遭到了移民种族那据说是劣等的血液的侵蚀。希特勒在演讲中对格兰特的话信手拈来，据说还给格兰特写了封信，将［这本书］称为‘我的圣经’。”[41] 据研究法西斯主义历史的最重要专家之一罗杰·格里芬（Roger Griffin）表示，对于丧失伟大性的恐惧正是法西斯主义信条的本质：“对法西斯主义一手资料的大量研究……说服我相信，其核心心态在于……要将个人存在奉献给反对那些似乎导致了本民族堕落的退化势力的斗争，必要时需为此牺牲自己，并帮助重塑民族的伟大与荣耀。”[42]

特朗普总统竞选活动的部分潜在逻辑也正在于此。我确信许多大喊“让美国再度伟大”的人仅仅是认同共和党，或是对美国是个伟大的国家怀有宽泛的信念，而不是想要通过自己的言语唤醒这段种族主义历史。但决定将这句口号作为竞选基础的特朗普本人，却在发表种族主义言论和采取种族主义行动方面劣迹斑斑。随后，他在宣布展开竞选时对移民进行了种族主义刻画；在总统任上频频发表种族主义言论；对自己的言论导致仇恨犯罪频发不以为意；疫情期间，进入总统任期最后一年的他变本加厉地煽动反亚裔美国人的情
212 绪；而其统治之道大体而言就在于试图抹去奥巴马的一切遗产。[43] 正如数据明确显示的，尽管特朗普的许多支持者并不赞成种族歧视，但反移民和种族主义情绪仍是他在 2016 年总统竞选中制胜策略的部分内容。[44] 这样一来，他的言行也就成了作为“美国之伟大”基础的恐怖历史的一部分。[45]

不过，我们不应认为只有露骨的种族主义才能呼应这段历史，或者这一问题仅限于共和党。正如哈利勒·纪伯伦·穆罕默德（Khalil Gibran Muhammad）等学者所证明的，美国的许多机构都感染了关于“更伟大种族”的观念，其中最为显著的可能要数刑事司法系统。穆罕默德细致入微地表明了，20 世纪的美国刑事司法史就是以应对犯罪问题时的双重标准为基础的：为白人提供社会福利，将黑人关进监狱。为何会发生这种情况？原因在于这一假定：贫穷的欧洲移民若获得适当帮助，就有能力改善自己的生活；而非裔美国人则被认为无论如何都要低人一等。[46] 制度性种族主义的历史意味着，需要通过系统性的方式，才能将关于“伟大种族”

的观念连根拔起。[47]

像奥巴马本人一样，有些人可能希望用“美国的伟大”以及“美国例外主义”来指代另一段截然不同的历史：美国相较于其他各国的独特之处在于，它能够为其全体公民创造出美好的生活。我对这些人持同情态度。但我认为，我们最好还是摒弃这种将各国比个高下、分个输赢的历史观。我们最好不要认为人类世界和自然界一样，也在进行“生存斗争”，因为和大自然创造出的许多物种不同，我们能够选择促进并体现自己多元本性中的哪些元素。某些民族、文化或种族表现得比另外一些更加出色，这也不会令我们的世界获益。这样的竞争欲望只会催生贫穷和战争，并导致我们无法 213
有效应对如今正面临的气候变化等全球问题。如果我们能够克服这些挑战，那么原因将不在于适者生存了下来，而在于我们成功地超越了认为某些人比其他人更适于生存的观念。

向着“足够好”进化

尽管我们不应根据自己对自然界的愿景来设计人类社会，但值得指出的是，达尔文关于生存斗争的观念已受到了当代进化理论的挑战。由于担心达尔文有着将进化过程表述为某种最优化过程的倾向，并担心这一学说遭到扭曲，被用来为社会等级次序辩护，科学哲学家丹尼尔·米洛（Daniel Milo）提出，一种特别的“足够好”理念能够更好地解释进化过程，即“好到不至于一个接一个死去的程度”。[48] 在细致地翻阅有关进化问题的科学文献时，米洛发现数据显示，需要对达尔文的理论作出某些重要的修正。他并未对进化论本身提出质疑。进化的基本理念——“逐代渐变”，即所有物种都是历经数十亿年的变化，从某种原始生命形式发展而来的——被证明是正确的。达尔文提出的进化过程——物竞天择，或适者生存——同样是正确的，存在着大量例证。不过，这并不能解释整个进化过程。米洛提出，另外三种进化过程——基因漂移（基因的随机突变）、地理隔绝，以及奠基者效应（即在其他地方开始繁衍生息的迁徙者的基因）——能够解释的演变数量比人们认为的更多。在进化论中，这些理念并不特别具有争议性，但米洛认为，在公众对于进化论的一般认识中，它们受到的重视还不够。我们有关
214 进化的观念过多地专注于自然选择这一日臻完善的过程，但事实却表明，真实情况要更为随机、怪异，或不幸（比如我在上文中曾提到的人类生育与衰老的例子）。此外，假如进化的目标就在于繁衍生息，那么一旦达成了这一基本成就，它就会倾向于静止。毕竟，有什么比向成功生存者照方抓药更好的求生方式呢？

米洛的担忧在于，过于强调自然选择这一竞争过程，会催生按照类似方式设计社会这一道德寓言。事实上，光是将进化视作一种竞争过程，就已经是对自然界的误解了，因为进化的目的在于生存和繁衍到“足够好”，而并不一定要阻止其他物种繁衍。米洛希望，通过改变我们对于进化论的理解，能够帮助我们远离你死我活的竞争，转而赞赏这一事

实：坦白说，我们已经赢下了这场进化比赛。我们能够毫不费力地生产出足够全人类使用的食物、住所、衣服与药品。我们缺少的只是一套行之有效的分配制度。米洛认为，之所以会这样，部分原因就在于，我们总是以为彼此之间还在为求生存而展开竞争。

贯穿全书始终，在科学无能为力的地方，米洛就会作出哲学解释。最开始，他试图通过这种方式解释第一批人类探索者当初为何要离开非洲大陆。米洛反驳了现有的各种用自然条件加以解释的理论，并提出，这群人是“别处主义”（elsewhereism）这种新“病毒”的受害者。[49]这种“病毒”——米洛认为它可能来自某种特殊的基因突变——会促使感染者畅想未来：在某个地方存在的问题，到了别处，或在其他生活方式下，就可能得到解决。米洛认为，这种想象更美好未来的能力有助于我们意识到，我们并非完全受制于自然的馈赠，而是可以将其改造得对我们有利。我们之所以 215
能够创造出当今这种富足的社会，正应归功于大脑的这种转变。

但和进化过程中的其他情况一样，“别处主义”带来的解决方案又催生了各种新的问题。米洛特别提到了他所谓的“卓越阴谋论”这一问题。这是一种“几乎人人都会参与其中，共同令彼此陷入困境”的制度。[50]米洛将这一问题归咎于我们那过于活跃的“别处”神经元。这种神经元曾帮助我们成为现在的样子，如今我们已不再需要依靠它们来解决生存这一基本问题，可它们仍旧不愿安歇。“策划了‘卓越阴谋论’的正是它们。”[51] 我们之所以追求卓越，并非因为这种做法是“卓越”的，而是因为我们不够聪明，尚未意识到事实上这已经不再是符合我们最佳利益的做法了。

或者至少在米洛看来，这样做不再符合我们大多数人的最佳利益。他的确认为应该存在“少数必要的精英”，他们会“维护安全网，并根据需要将其扩大”。[52] 但我们其他人应该接受自己的奇特性和不完美，对我们优秀到足以生存的程度表示赞赏，并且不要让自己背上负担，去参与疯狂的竞争，或攀登大多数人都会跌至底端的金字塔。我很欣赏米洛，也很欣赏他对于足够好的倡导。但他的书写到这里就戛然而止了，并未探讨这一显而易见的问题：谁是那些“必要的精英”？我们要如何发现他们？正如我在此前的章节里曾提出的，假如我们必须将某人训练成精英，而精英又将享有权力和地位带来的一切好处，那么所有希望享有这一特权的人就都会努力向上爬，我们很快又会再次陷入“卓越阴谋论”之中。

要避免这种局面，我们需要调动懈怠的神经元，以促进并参与为了所有人的足够好的生活。我们当然永远无法拥有
216 一个完美的社会，但我们可以在更有活力的意义上，而不只是在好到不会死去这一意义上，创造出足够好的社会。我们可以通过我贯穿本书始终所主张的那种复杂的方式做到足够好：美好，充足，对寻常表示赞赏，以创造性的方式应对在所难免的局限与挫折。我们已具备了创造这种世界所需的全套进化工具。

伟大绿色革命的风险

最能突显朝着足够好的生活转型之必要性的，莫过于气候灾难和地球生态系统的崩溃等威胁。以追求伟大为导向的模式——尤其是在经济领域——与某些科学家所谓的“地球界限”，即“人类可以在其中安全地开展行动的那些环境限度”，完全是不相容的。[53] 这样的限度有九类，包括气候、淡水及土地利用、氮与磷的浓度，以及对“生物圈完整性”的保持。关于这些界限的观念并非毫无争议，持有不同政治立场的人士也因为担心这种观念会被过于有权势的势力所利用——例如用来推行人口控制、财政紧缩等政策——而对其提出了批评。[54] 这种观念在科学上可能是不确切的：地球是一个动态系统，人类科技与之互动的方式有时是出人意料的，而且我们也无法确切地衡量这些限度。[55] 尽管如此，我们的确相当清楚地知道某些总体原则，例如当升温超过 2°C（实际上甚至是 1.5°C）时，所引发的变化就会使得在地球上健康、有意义地生存变得更为艰难，对许多人而言甚至变得不可能。我认为与“地球界限”相比，不如使用“地球的安全条件”这一说法，以表明我们关心的不是在绝对意义上知道地球能够做些什么，而是在相对意义上知道这一事 217
实：只有在一定的生态条件下，地球才是足够好的，能够以有意义的方式维持人类的生活，无论人口数量达到了几十亿。

在“地球界限”这一模型中，气候变化和生物圈完整性是调节其他各种因素的两大“核心”指标。尽管与后者相比，前者的受关注度更高，但二者其实是相互关联且同样重要的。对自然界竭泽而渔，这已经成为一个危及地球安全条件的问题。[56] 当下最为重大的两项挑战——气候灾难与人畜共患病——都与这两大系统范围内的可持续性指标相关，这一点毫不令人意外。我们贪婪的消费以及对自然资源的滥用正在产生反噬作用，不仅导致了气候变化和资源枯竭，还由于闯入新的地域，与其他物种及其携带的病毒产生了日益增多的接触。[57] 全球各地的山火、飓风、台风等灾难性天气，加之新冠疫情造成的破坏，突显了这些破坏性趋势是实实在在的。[58]

认为导致我们走到崩溃边缘的因素仅仅在于各种现代状况，这种想法是错误的。除了拉帕努伊岛的案例，历史上还存在大量在现代以前人类对自然造成破坏的例子。45 000 年前，人类抵达了澳大利亚。与此同时，气候变化导致这块大陆上的巨型动物群——巨大的毛鼻袋熊、袋鼠、考拉等——灭绝了。过了大约 30 000 年，这可怕的一幕在美洲大陆上又重演了。[59] 在破坏自然栖息地方面，人类实在是太出色了，无论他们处于怎样的经济制度之下，或是置身于怎样的象征–价值系统之中。

不过，随着时间的流逝，全世界的许多人的确学会了如何在自然栖息地内好好生活。通过经验和实验，他们掌握了
218 关于自己土地的大量知识。如今我们要学习如何与环境更好

地相处，这种知识——有时被称为“传统生态知识”——乃一笔宝贵的财富。[60] 不过需要记住的是，原住民之所以能取得这些成就，是因为他们需要学习如何与土地共存并了解土地，而不是因为他们本质上就更为“亲近自然”。认为某些人群天生就比另外一些人群更为亲近自然，这种想法是对“高贵的野蛮人”这一种族主义观念的老调重弹。它还否认了原住民的能动性和复杂性，包括不同人群对自然的构想以及与自然的关系等诸多差异。[61]

应对气候变化的宏大计划会对当地社群产生怎样的影响，与当地人的知识以及生活方式又是如何展开互动，对这一点加以细致考察是至关重要的。尽管某些针对气候变化问题、旨在改变世界的解决方案（例如地理工程学），许诺要遏制全球变暖，但它们也或多或少地会导致全球天气模式发生剧烈波动，对不同人群产生不均衡的影响。[62] 正如在进化过程中，物种为更好地适应生存条件而发生的每一点改变都可能为其带来其他问题一样，对自然界的任何一种技术干预也会产生风险与后果。[63] 某些风险与后果是我们无力掌控的，但另外一些则直接取决于干预行为的轻重缓急与指导原则。

旨在全方位改变全球粮食生产方式的计划，被称为“绿色革命”。其发起者主要是美国。这一计划于 1940 年代启动，于 1960 年代至 1980 年代最为高涨。该计划通过合作研究、公共补贴、化肥以及转基因等手段来提升全球粮食产量，但也导致了农业碳排放的增加、水土流失、有毒化学物

219 质扩散以及其他环境退化问题。[64] 该计划还造成了严重的负面社会后果，例如在重视大规模农业生产的同时，并未相应地关注土地分配不公或劳动的性别化分工等问题。[65] 结果就是，在令全球粮食供给变得稳定的同时，在那些经历了“绿色革命”的国家，总体粮食供给反而变得更加不稳定了。[66]

这种情况是如何发生的？研究粮食问题的作家、历史学家马克·比特曼（Mark Bittman）指出，那些年全球饥荒的大幅缓解几乎全部归功于并未经历“绿色革命”的中国。与之相反，中国领导人关注的是为个体农户提供国家支持，目标则在于减贫，而不只是增加粮食产量。毕竟，粮食产量的增加并不意味着它们将得到恰当的分配。例如在“绿色革命”期间，其他国家大幅增加的玉米产量大多被用来生产乙醇和高果糖糖浆，而与“绿色革命”相比，中国那虽不完美，但更为直接的做法更好地兑现了其诺言：“改革开放以来，粮食产量增长了两倍。更为重要的是，还取得了世界历史上最为显著的减贫成果。”[67] 这些成就不仅仅归功于技术变革，而是技术、对普通人的支持以及经济监管共同促成的。

在应对气候变化问题时，也存在着这样的风险：我们可能会重复乃至加剧当前在以伟大为导向的社会中已经存在的那些问题，就像“绿色革命”那样。我们应该汲取这一历史教训，避免仅仅专注于由大公司主导的技术解决方案，而不顾及其社会影响。我们似乎尚未大规模地汲取这一教训。例如想想这样一种可能性吧：“突破能源基金”（Breakthrough

Energy Ventures）这样的团体帮助研发出了重要的、可行的技术，有助于将地球打扫干净，并实现可持续增长。“突破能源基金”由比尔·盖茨创建，资金来自全世界的一众亿万富 220
翁：杰夫·贝佐斯、马云、理查德·布兰森（Richard Branson）、迈克尔·布隆伯格（Michael Bloomberg），等等。他们投资的领域包括核聚变、扩大电池容量、用细菌肥料替代氮肥（这是被“绿色革命”加剧的一大严重问题）、寻找螯合碳的方式，以及促进“绿色增长”、缓解我们对地球造成的某些最恶劣影响的其他计划（需要指出的是，这些最恶劣的影响常常正是这同一批人造成的）。凭借其财富和明星光环，“突破能源基金”的出资者能够资助并支持这些计划，并且能够对各国政府施加影响，让它们也对这些计划予以支持。[68] 当然，他们还利用了凭借公共资金发明和建立的各种技术与系统，例如耗资 220 亿美元的国际热核试验反应堆。[69]

毫无疑问，像核聚变这样重大的成就势必大大地造福于人类。但问题在于，如何才能确保避免重蹈“绿色革命”的覆辙——产生有害的副作用，并使得不平等变本加厉。假如“突破能源基金”取得了突破，这会惠及我们所有人吗？还是说我们将不得不因获得拯救而感谢亿万富翁的亿万美元（感谢其研发的与自身商业活动相悖的技术），而许多人仍将继续过着悲惨的生活，并被告知只要继续努力，未来一切都会变好？

比尔·盖茨 2021 年的新书《如何避免气候灾难》（*How*

to Avoid a Climate Catastrophe）并未表明，他汲取了这些历史教训。例如他写道，富国有可能率先发明绿色技术，然后可以将这些技术出售给其他国家。他承认，全球变暖问题主要应归咎于较富裕国家，但他似乎并不特别关心较富裕国家是否
221 会承担起相应的责任。恰恰相反，他似乎认为，较富裕国家应该通过帮助世界摆脱这场它们自己引发的危机，从而变得更富。他的解决方案恐怕会导致全球债务问题愈发严重：较富裕国家利用自己的优势拼命向前冲，而不是齐心协力帮助改善所有人的境遇。[70]

"凭借更少获得更多"，还是"从更少中获得更多"？

应对气候变化可能引发的这些潜在社会问题导致环保圈陷入了严重的分裂。一方面，有一群人受到"去增长"（degrowth）这一理念的启发［哲学家安德烈·戈兹（André Gorz）于1972年发明了这一术语］，认为当前的气候灾难彻彻底底地表明，资本主义、无止境的经济增长、消费以及不平等，与安全且可持续的环境是完全不相容的。根据这种观点，要想在当前的气候条件下生存下来，我们就不得不创造出这样一个世界：我们——富足的我们——应减少消费、减少对资源的攫取。和人们有时想象的不同，这一愿景并不意味着要实现某种生态和谐或是"回归丛林"的幻想。例如，当代环保活动家、作家娜奥米·克莱因（Naomi Klein）就直言不讳

地表示："过不攫取资源的生活，并不意味着攫取行为不会发生：为了生存下去，一切生物都必须从自然界获取一些东西。这种理念意味着要终结'攫取主义'心态——只是索取，却不加以照料；将土地和人当成待损耗的资源，而不是视其为以更新和再生为基础、有权以有尊严的方式存在下去的复杂实体。"[71] 在"去增长"理念的倡导者贾森·希克尔（Jason Hickel）看来，该理念也不意味着将不再取得进步、发展，乃至"丰裕"。他的论证是这样的：如今创造财富的方式是，将某些公共物品（例如水）私有化，然后按照一定价 222
格出售（例如瓶装水）。如果我们逆转这一过程，对公共物品加以细致的管理，我们就将拥有丰裕的、可共同享用的资源。希克尔直接抨击了我在前一章曾提及的斯密的理论。按照他的观点，我们不需要通过私人增长来促进普遍富足。与之相反，我们需要的是普遍富足，而不是经济增长。事实上，我们可以凭借更少获得更多。[72]

在另一群有时候会自称为"生态现代主义者"（ecomodernist）的思想家中间，此类"去增长"的场景并不受欢迎。[73] 生态现代主义者认为，去增长以及经济平等这一套说辞，与当下急需的解决方案恰恰是背道而驰的。他们认为，摆脱气候困境的最佳方式就是进一步利用资本主义竞争，以实现技术突破。按照他们的逻辑，去增长不仅是不必要的（尽管他们也认为过度消费是个问题），更是有害的。如果我们想要实现需促成的那些重大改变，我们就必须依靠现存的资本主义发展结构，以推动大型太阳能、风能及其他项目。他们还是核能的热情支持者，声称这种能源遭到了无理中伤。[74]他们反对将人与自然的关系视作“和谐的”，而是认为我们有能力通过对自然界的开发来推动经济增长，令世界愈发繁荣。这种信念的关键支柱之一在于，他们认为有可能实现经济增长与资源消耗的“脱钩”（decoupling）——主要是通过“去原材料化”（dematerialization）的方式，即通过科技手段更高效地利用更少资源，实现更高的生产率。用生态现代主义者安德鲁·麦卡菲（Andrew McAfee）的话来说就是，有可能从更少中获得更多。[75]生态现代主义者设想的场景颇具
223 吸引力，或许尤其是因为富足之人不必放弃许多已被视为理所当然的享乐与特权。于是问题来了：这种愿景行得通吗？我们无法预测未来，但可以提出某些质疑。

麦卡菲那本以下面这句话命名的书，是生态现代主义作品中颇为引人入胜的一部：《从更少中获得更多》（*More from Less*, 2019）。该书认为，我们有关自然资源利用的想法都是错误的。麦卡菲表示，我们预期人类将耗尽自然资源，但恰恰相反，事实上我们正在从越来越少的自然资源中生产出越来越多的商品。麦卡菲雄辩地为这一去原材料化进程摇旗呐喊。他的论证之所以显得如此具有说服力，部分原因在于，在他的表述中，对他本人而言，去原材料化进程也显得像是一种新发现。麦卡菲向我们表示，在为写作该书展开研究之前，他也和我们一样是个傻瓜，还以为我们正在消耗越来越多自然资源。但随后他读到的研究显示，生产以及资源利用效率的提高催生了一种新的局面：尽管资源和能源消耗降低

了，但经济仍在保持增长。[76] 麦卡菲表示自己对此感到震惊，开始研究这种情况为何可能发生。他用了一则非常古怪的比喻来描述自己的结论。他将资本主义、科技进步、反应敏捷的政府以及警觉的公众称为“乐天四骑士”。[77] 麦卡菲总结称，只要我们继续沿着资本主义与科技进步的大道前进，并在政府反应以及公众对环境问题的警觉等方面再努努力，我们就能够通过发明创造，避免气候灾难。我需要说明的是，麦卡菲对于面临的挑战并非浑然不觉，他对未来的评判也是介于“糟糕与如灾难一样糟糕”之间，然而他认为对当前制度加以修订，就是最好的出路，因为他发现的证据表明了这一点。[78] 简单来说，麦卡菲认为我们正在做的还不够好，但原因并不是我们索取的太多。事实上，原因在于我们还没有伟大到能够达到的程度。

麦卡菲的论点是以去原材料化进程为基础的。他描述了 224
在美国和英国，一般资源消耗量与经济增长脱钩的过程。换句话说，哪怕经济仍保持增长，所消耗资源的比重也在降低。麦卡菲将这种现象称为“大逆转”。[79] 为说明这一逆转之所以会发生要归功于资本主义与科技进步，麦卡菲举了多个例子，其中就包括在我写作这部分内容时一直伴随着我的一样东西：铝罐。饮料罐曾是用更加沉重的钢材制成的，但为了降低成本，各家公司纷纷转而使用铝材。麦卡菲之所以对资本主义与科技进步大加赞颂，原因就在于此。正如他在某次接受采访时所说的：“资本主义至关重要的部分内容就是极其残暴的竞争……如果世界上只有一家啤酒公司，这家公司就没有必要通过使用更便宜的铝罐来降低成本了。他们完全可以将这些成本转移到消费者身上。因此我们真的需要残酷的竞争，来提供通过科技进步省钱并减少资源消耗的动力。”[80] 值得指出的是，这种竞争究竟是如何展开的，这些资源来自何处，矿区的条件如何，采矿的工人薪酬如何，以及其他有关社会正义的问题，从来不在麦卡菲的考虑之列。麦卡菲也没怎么提及，如此多的创新都严重依赖于由公共资金和科研合作推动的科技进步，而不是“残暴的竞争”。

此外，麦卡菲选择的例子再好不过地说明了，为何他提出的专注于竞争的解决方案，导致的环境问题要比它解决的更多。[81] 要明白为什么，我们只需要转向他本人有关铝材的信息来源：研究世界能源使用及其历史的百科全书式专家瓦茨拉夫·斯米尔（Vaclav Smil）。麦卡菲正确地援引了斯米尔的著作《塑造现代世界：原材料与去原材料化》（*Making*
225 *the Modern World*：*Materials and Dematerialization*，2014）。这本书列出的数据显示，每个罐头的耗铝量在不断降低。但麦卡菲并未提及的是，斯米尔的最终结论却与他的截然相反。事实上，斯米尔明确地认可了“少即是多”这一经济学理论，因为随着成本的降低，消费量会增加。[82] 铝罐的情况正是如此。如斯米尔所述，尽管铝罐更轻，但消费量的增加却抹掉了这一利好。1979 年至 2011 年（这段时间的数据可以获得），“罐子的重量下降了 25%，但人均铝罐消费量却翻了一番，从每年 149 个增加到了 246 个”。[83] 此外，与钢材相比，生产铝的耗能量是其 4 至 10 倍（取决于钢材的质量）。“这样一来，用铝材代替钢材之后，罐子的重量是降低了，但总体能源消耗却大大增加了。”[84] 当然，斯米尔并不否认使用铝材的益处。例如他认为，对于制造轻快、高速的列车而言，铝材就比钢材要好得多。他只不过并不相信地球将因此得救。

麦卡菲希望依靠你死我活的竞争来减少原材料消耗。斯米尔举的另一个例子有助于我们理解，为何这样的竞争最终会破坏进步。以轿车和卡车为例。斯米尔考察了从福特 T 型车到福特当前最畅销的轿车车型“富绅”（Fusion）的演变过程。他发现，总体而言，重量/能耗比涨幅高达 93%，这反映了麦卡菲提出的去原材料化这一基本趋势。然而，“富绅”并不是福特最畅销的车型，庞大的 F150 型卡车才是。F150 型卡车很少被用来干拖拽货物这一本行，而是常常被当作身份的象征，甚至被视作“富人的玩具”。[85] 根据全世界轿车市场的一般状况，再考虑到 SUV 和卡车市场的爆炸性增长，斯米尔发现，原材料变轻所带来的好处实际上被消费量的增 226
加以及为追逐更多利润、卖掉更花哨的车辆而展开的你死我活的竞争抵消了。[86] 因此，哪怕发生了科技进步，对利润的追逐也会对其构成破坏。

于是，斯米尔便得出了与麦卡菲截然不同的结论。他承认，如果考虑到资源消耗量相对于国内生产总值的比重，脱钩现象的确正在发生。但他怀疑这种现象并不会带来太多益处。毕竟，资源消耗量相对于国内生产总值的比重下降，实际上并不能告诉我们实际资源消耗量究竟是多少。正如斯米尔在 2021 年接受采访时所说的："人们总是会犯混淆相对与绝对去原材料化的根本错误。重要的是能源与原材料的绝对消耗量。"[87] 即使我们能够更有效率地利用某些原材料，这也并不意味着我们对原材料本身的利用更有效率了。例如，斯米尔考察了 1986 年至 2006 年自己能追溯到的原材料投入数据，发现总体原材料消耗量增加了 34%。[88] 我们使用的铝材可能减少了，但部分原因或许在于我们使用的塑料更多了。据斯米尔表示，我们的确在经历去原材料化，但这一进程不是绝对意义上的；相对于当前地球所处的状态而言，这一进程的速度也不够快。此外，美国的原材料消耗情况仅仅是总体局面的部分内容。就连麦卡菲也承认，在很大程度上去原材料化仅限于较富裕国家。[89] 部分原因在于，较富裕国家拥有更先进的技术以及更高效的生产方式；另外的部分原因在于，相关数据只考虑了未经加工的投入品（你的预制款手机就不在其列），因而不能充分说明问题；还有部分原因在于，较富裕国家的大规模基础设施开发大多已经完成（这需要投入大量钢铁和水泥）。于是包括麦卡菲在内，人们普遍认为，全球范围内正在发生的情况不是去原材料化，而是加速消耗原材料。不过，麦卡菲依然希望，通过将追求实
227 现天赋与追逐利润等以伟大为导向的制度结合起来，能够帮助我们摆脱危机。

我认为，这一希望正是问题的症结所在。哪怕麦卡菲的数据是正确的，其规范价值依旧是错误的。认为我们可以继续做那些糟糕的事情，直到最终把一切事情都做对，这种观

念是完全错误的，因为哪怕理论上我们有朝一日的确能够抵达这道弧线的另一端，在此期间我们也势必会严重破坏这一成就的基础。值得重温波兰尼对这一问题的意见，这次将侧重点放在他对大自然的看法上："这种机构存在的每一刻，都在毁灭社会中的人类与自然实质。"[90] 我担心，麦卡菲这类人想要表达的意思其实是："好吧，我知道目前我们还无法做到这一点，而且我们正在鲁莽地朝着悬崖猛冲过去。但不要担心：我们终将扭转乾坤。大自然会等待我们完成应尽的使命。社会将承受压力，但不会崩溃。只要我们坚持以伟大为导向的制度足够长的时间，为成为最优秀者展开竞争，最终所有人都将意识到，这种做法是正确的。"不过讽刺且令人惊恐的是，麦卡菲的"四骑士"比喻在这一点上可能是正确的。对科技进步持乐观态度之人将骑着它们越过悬崖。一路上他们还会用一句老笑话安慰自己："迄今为止，一切顺利。"对少数人来说，情况的确可能很好，但对所有人而言，却是不够好的。追求伟大这一思维往往会导致我们走上这条路。

分享负担与回报

这是否意味着技术性解决方案永远不可能奏效，我们只能指望"去增长"呢？有时候会被称为"社会主义现代主义者"的某些左翼人士对这种他们眼中的"紧缩式"思维提出了反驳。与希克尔以及"去增长"的其他提倡者一样， 228

社会主义现代主义者也认为，任何一种美好的未来社会都需要克服资本主义对于生态的破坏。但他们又和生态现代主义者怀有同样的愿景，认为技术突破乃通往更美好未来之路。他们希望实现为了所有人的技术富足，并且认为社会主义的全部要点就在于此。[91] 首屈一指的马克思主义文学评论家弗雷德里克·詹明信（Fredric Jameson）对社会主义现代主义的要点作出了清晰的表述："自由市场右派俘虏了创新与'现代性'等话语……（但）只有马克思一人试图将革命政治与'未来的诗学'结合起来，并亲身致力于证明社会主义要比资本主义更加现代，更具生产力。"[92]

这样的愿景可能有助于以更加平等的方式推动技术转型，但并未真正回应斯米尔提出的原材料问题。在许多方面，这仍然是一种关于无止境增长、提高生产力以及自然资源可及性的愿景，即使分配方式更加平均。而且正如克莱因和阿尔佩罗维茨指出的，威权主义社会主义的历史经验与生态可持续性是高度不相容的。[93] 在政治上完全找不到出路的斯米尔，在新著《增长》（*Growth*, 2019）中得出了相当悲观的结论。他认为，人类社会对于地球上安全生存条件的破坏是如此严重，以至于无论实行何种经济制度，我们最终都将"陷入去增长的境地，不是出于自愿，而是作为对累积性过度（经济增长、资源开采、消费、环境破坏）的回应"。[94] 这是否意味着我们现在就应该自觉地践行"去增长"呢？从抵制发展的小型社群，到荷兰等国推行的节能新战略，已经出现了大量自觉践行"去增长"乃至"不增长"

的例子。[95] 然而斯米尔认为，我们最好避免将所有鸡蛋都放进同一个篮子里。我们需要将政治与技术变革结合起来，并减少消费。[96]

这种看法与“足够好”这一世界观中坚持谦逊的主张非 229
常契合。这种世界观主张我们超越“‘去增长’或技术突破”这一争论，并提醒我们注意，没有人能够提供完美的解决方案。[97] 富国当然需要减少消费和挥霍。我们当然也需要开发新的可再生技术，减少对地球的破坏。重点在于要确保由足够好的道德愿景照亮这两条道路。“去增长”行为必须保证仍能实现美好与充足的生活。而且，若想赋予“去增长”任何政治可行性，就必须明确表示此举不是要惩罚性地剥夺，而是要让人们认识到这一点：一个对于所有人而言都美好与充足的世界，对于每一个人都是有利的。事实上，各种研究一再表明，财富不平等与过度富裕是导致气候变化的主要因素，因为富裕之人在闲暇、居住以及其他活动上会消耗更多能源。[98] 尽管人们可能不得不放弃某些过分的物质享受，但他们将收获一个能够维系生命的地球。这笔交易并不坏！实际上，越来越多的科学文献都证明了这一事实：我们既能够达到“美好的生活水平”，也能够增进情感与社会福祉。但要想做到这一点，既需要技术进步、减少过度以及不平等的消费，更需要政治转型——这一点或许最为重要。[99]

就如何看待我们需要的技术进步而言，情况同样如此。追求伟大这一思维应对当前生态困境的方式是，试图找出并奖励比其他人更配得上过上美好生活并大获成功的少数人。它将这种做法视为拯救我们其他人的最佳路径。然而到目前为止，历史经验应该已经让我们意识到，这种做法无助于创造一个令人人都能大有作为的世界。面对这种局面，追求“足够好”这一世界观则坚持主张，我们要设法确保所有人
230 分享负担与回报。麦卡菲认为，我们需要负责任的社会进步，这一点当然是对的。但我们并不需要通过残暴的竞争来做到这一点，而是应通过必不可少的合作——哪怕是在金融资本领域。没有任何内在因素要求企业家设立的基金追求利润最大化。事实上，比尔·盖茨和他的朋友们完全可以保证其投资令自己“受损”，但令公众获益。在这一方面，他们可以专注于研发哪怕无法实现利润最大化，但在生态上具有必要性的技术。[100] 他们还可以坚持要求从自己这里获取资金的公司，将其内部的经济不平等状况降到最低。他们并没有这样做。但与其说这是人性或经济规律导致的事实，不如说是我们当前经济思维的一种状态。

关于如何才能公正、安全地令经济向某种可持续的模式转型，存在着大量计划。[101] 但我们始终缺乏政治意愿。在2020年美国总统选举期间，参议员伯尼·桑德斯就各国政府对此能够发挥怎样的作用提出了一项愿景。他有时会感慨道，自己对于气候变化问题的期望就是，各国能够停止为军队花费上万亿美元，转而用这笔资金应对气候变化问题。他常常对自己的这种想法表示怀疑，为其附加一些条件：“不过或许，只是或许，考虑到气候变化危机，世界能够认识

到，与其每年为旨在杀戮彼此的杀伤性武器花上总计 1.8 万亿美元，或许我们应该将资源汇集起来，与气候变化这一共同的敌人作战。”[102] 这番话听上去可能不切实际，不过在新冠疫情之初，围绕着分享治疗方案与抗疫知识的国际合作，至少为我们的全球关系思维发生重大的转变开辟了可能性。231
同样有可能的是，只有这种全球齐心协力的行为，才足够好到能够确保地球真正成为这样一个地方：未来世世代代的所有人在此都能过上美好与充足的生活。

足够好的人与自然关系

许多人都比我更聪明，更有见识。他们能够为应对生态危机提出解决方案。当我试图对我眼中各种可行的应对方式加以勾勒时，与其说“足够好”这一理念能够提供具体的解决方案，不如说它能够为思考我们与自然的关系提供一套宽泛的道德框架。首先，无论哪种解决方案能够令人类在地球上繁荣昌盛，它都必须从这一事实出发：其目的在于令所有人都直接地享受到此种繁荣昌盛的益处。在数世纪的时间里将少数人置于多数人之上，并告诉少数人，他们获得各种益处其实是为了多数人，这种情况应该终结了。如果我们真的想生活在一个足够好的世界里，就必须促成以平等的方式维系地球这样一种生态福祉。这意味着任何降低欧洲的温度，担任由赤道以南沦为稀树草原的地理工程学幻想，都需要被预先排除在外。任何不对已受到气候灾难伤害者——尤其是温室气体排放量低得多，却承受着更加严重后果的较贫穷国家——作出补偿并予以帮扶的解决方案，也需要被排除。无论我们要依靠哪些解决方案，它们都应该与这一理念相兼容：所有人都配得上美好与充足的生活，没有人比其他人配得上更多。某些不平等可能会继续存在——在足够好的世界里，这一点在所难免——但它们应该也能够被降到最低程度。

232 其次，即使事实表明，我们可以通过发明创造来避免气候灾难，这也并不意味着我们能够继续保持当前这种生态足迹。生物多样性的恶化威胁到了我们唯一且共同的地球维系生命的能力。正如我们所看到的，如果我们继续维持当前的消费量，那么去原材料化进程就很难以足够快的速度大规模发生，从而避免大量生态系统的崩溃。我们或许不得不严肃地考虑限制较富裕国家已习以为常的某些特权。不过与其将这视为一种牺牲，我在本书中始终在试图鼓励所有人把它视为一笔巨大的收益。这意味着在这个世界上，压力、焦虑、过劳、滥用药物和不公等现象都会减少，而愉悦、平等、尊重以及对寻常事物的赞赏都会增加。我希望我们不必施加过多限制，但我已试图说明为何限制少数人的特权对所有人都有利，甚至对那些当前享有特权的人也是如此。

最后，我们的自然观本身也应该实现从追求伟大到追求“足够好”的转变。地球并不完美。看看这一事实吧：它创造出了一个正威胁要毁灭地球的物种！而且即使没有人类，自然界也并不完美、和谐。它是一个复杂的系统，正如我们每天都能看到的，这里既充满了奇迹，也充满了残酷。和人性一样，自然界也并非注定会如何。它有着许多特征，但其中之一就在于，其可供开发的资源不是无穷无尽的。自然界镶嵌在我们之中，我们也镶嵌在自然界之中。我们是足够好的生态系统的一部分。这一系统使得生命在地球上得以茁壮成长。我们对这些生命构成了威胁，但我们也具有拯救它们的潜力。当小行星撞击地球并导致气候变得不利时，恐龙对此无能为力。我们却能有所作为，尽管那颗小行星就是我们自己。地球曾经足够好到能够维持我们的生存，现在轮到我们以足够好的态度对待地球了。

足够好的崇高感

在我为本章内容展开研究时，我常常与叔叔和婶婶待在 233
乡间。他们就住在一座小型州立公园旁。在多数日子里，我在写作间隙都会绕着公园散步放松。初春时节，在美好的晨光照耀和略带寒意的微风吹拂下，我会在池塘沿岸几棵自己喜爱的树旁站上一会儿。今年，就在其中一棵树长出春蕾时，我产生了一种此前从未有过的奇特、惊恐的感觉：地球仍具有再生能力，这一点令我震撼不已。所有那些有关气候灾难的可怕预言终于令我开始欣赏这一简单但非凡的事实：日复一日，年复一年，这个世界依旧继续存在着。我只能想到用一个词来描绘这种感觉：崇高。

康德可能并不赞同我选择“崇高”这个词。在他看来，大自然之所以会令我们产生崇高感，不是因为它会生长，而是因为它可能摧毁我们。当我们面对可能杀死、但并未杀死我们的某样东西时——高悬的岩石、雷暴、火山——我们就会领会到人性中某种独特之处。这种独特之处就是意识到这种局面的能力：我们可能产生“物理上的无力感”，但“与此同时”还会意识到我们具备“作出自己独立于（自然界）这一判断的能力”。[103] 在康德看来，崇高的并非自然，而在于意识到这一点：尽管自然可能杀死我的肉身，“我”依然要比自然界更加伟大。

我理解这种崇高感，也理解它是如何摆弄自然界的伟大性以及人类才能的伟大性的。但当我站在那里，注视着那些含苞待放的春蕾时，让我产生崇高感的不是关乎宏大的问题，不是我与自然哪个更加伟大的问题。崇高感在于，我前
234 所未有地深刻意识到，当我们不再想着追求伟大时，会有各种各样的美妙情绪在等待着我们。崇高感就在于这一简单的事实：地球存在着，我也存在着。更准确地说，我们的存在相互交织着。崇高感在于，人类和地球对彼此来说都是足够好的，而这个纯属偶然的宇宙也成功地做到了足够好到能维系生命的程度。在那一刻，想到有可能兑现地球赐予我们生命的巨大天赋，通过以足够好的态度对待彼此，以及在社会世界和自然界中都最终创造出足够好的生活，来回报地球对待我们时足够好的态度，我便感到了喜悦与激动。

我依旧注视着含苞欲放的花蕾，但突然之间我却丧失了那种崇高感。我开始怀疑这些花儿还能盛开多少年。一想到

如果我们继续追求伟大，我们就将首次、也是最后一次无法做到足够好到能在地球上生存的程度，我就感到不寒而栗。事情不一定非得如此。我贯穿本书始终一直在表示，在数千年时间里，不同文化背景的人们发明了各种促进并参与足够好生活的方式。我认为，放下了追求完美的重负，个人同样可能大有作为，变得具有创造性、适应性、谦逊、开放。我认为，我们能够通过较少地关注自己争取做到最佳、更多致力于成为能够促进并参与足够好世界的人，来促成更加有意义的生活。我认为，在我们的人际关系中，追求完美这一欲望事实上会导致我们变成更糟糕的爱人、父母与朋友；而一旦我们懂得欣赏彼此之间的相似性与差异性，与心爱之人相聚时最为不可思议的美妙时刻就将得以显现。我认为，奖励少数人这种做法——哪怕这样做是打着为了多数人的旗号——导致我们的政治结构贻害甚巨；而制定直接促进为了 235
所有人的美好与充足生活的政策，有助于我们造就一个公正而充满生机的社会。此时我认为，我们本性就是足够好的；对于我们而言，这种本性也是足够好的。我们并非注定要追求伟大，自然界也并非一笔能够供我们无限开发的资源。所以，虽然我无法让您产生成就伟大的强烈感觉，但我希望自己传达出了在共同努力创造为了所有人的足够好的生活时能够感受到的那种深刻、崇高的感觉。

结论

236 我们生活中的许多烦恼，都有着一以贯之的共同主题。我们可以将这一主题称为“对伟大的追求”。这是一种为世界赋予秩序的方式。按照这种方式，某些人被认为比其他人更加出色，作为总体的人类则被认为比自然界更加伟大；作为个人，我们的任务就在于证明自己配得上拥有权力与特权。这种关于世界的愿景为我们带来了紧张、焦虑、不平等与生态破坏等病症。许多认同这种世界观或是其部分内容的人士，并不认为它与“追求为了所有人的足够好的生活”这一价值观是背道而驰的。事实上许多人相信，培养少数天才人物就是帮助所有人过上美好与充足生活的最佳方式。我试图表明，为何赋予少数人以特权的制度会导致这一目标难以实现，如果不是不可能实现的话。这一目标就是：为所有人提供美好且充足的生活，并对人类生活复杂且多元的价值观以及我们共同的地球表示出真正的尊重与赞赏。

我们不可能消除一切等级次序，也无法实现彻底的平等。我们或许也不应该这么做。人类过于多样与复杂，无法尝试做到这一点。而不具有压迫性的等级次序——尤其是对领导岗位实行轮换制的那些等级次序——能够使得具备领导或组织才能者施展自己的才华，而不会导致恶果。不过，无论是具备与众不同的才华，还是平平无奇，都不应该意味着您在社会中的发言权仅限于隔几年投一次票——如果您投票的话。某些组织世界的途径能够使得我们所有人都能以有意 237
义的方式分享生活的负担与喜悦。这样做不仅有助于提升本没有发言权者的地位，还有助于缓解当前拥有过多发言权者的压力与焦虑。

要实现为了所有人的足够好的生活，并不容易。这是一段不断发展的、不均衡的进程，是不同个人与社会群体朝着人类历史发展方向共同努力的进程。我们可以通过改变对待自己、彼此以及地球的方式，继续推动这种进步。我们还可以保持这样一种健康的认识：在这一进程中，我们不可能是完美的。我们依旧可能陷入对伟大的追求之中。我们可能对彼此提出过高的要求。我们可能希望自己获得更多东西。我们可能会作出糟糕的政治选择。我知道，我会犯下所有这些过失。“追求足够好”这一世界观会提醒我们，不要苛责自己。没有人是完美的。而在一个很大程度上仍然受到对伟大的追求以及现代经济的竞争需求所驱动的世界里，没有人能够完完全全地做到足够好。与此同时，“追求足够好”这一世界观不会令我们屈服于这些不完美。接受这种世界观意味着，每天取得一点点进步，从而将创造一个为了所有人的美好与充足的世界作为自己的志向。

有些人可能认为我的想法纯属不切实际的乌托邦。另外一些人可能认为，和过去那些失败的社会实验一样，我的想法是令人恐惧的敌托邦。有些人可能认为，部分人对伟大的追求，与其他所有人对足够好的追求，是无法兼容的。另外一些人可能继续坚持认为，有的人就是要比其他人更加伟大。有些人可能会表示，我是错把经济问题当成了社会问题，而重要的只在于实现经济平等。其他人可能会表示，我是错把社会问题当成了经济问题，而重要的只在于保证人人都拥有尊严以及基本必需品，不必在意其他人可能拥有多得
238 多的东西。贯穿本书始终，我已竭尽所能地试图驳斥上述反对意见，并阐明我立场的逻辑：为何我认为这些想法能够奏效，以及为何任何生活领域中对伟大/拔尖的追求都会对我们生活的方方面面带来问题。只要某些人掌握着远多于其他人的财富与权力，他们对于其他人生活的掌控力就会过强；认为这些人的生活值得追求这一想法，也会催生各种竞争，进而扭曲我们对彼此多样价值与才能的赞赏。此外正如我们所看到的，对社会等级次序怀有信念的人士，往往也会相信人类应支配自然界，或者至少也会相信在其他人深受气候变化之苦之时，自己却有能力逃脱这些灾难。

超越追求伟大这一制度，将令我们获得解放，得以享受更多闲暇，更多复杂性，以及世界上被狭隘的竞争过程所遮蔽的更多价值。这样的改变并不意味着剥夺文明竞争、提升技能、开发才华与兴趣的活力与愉悦，而是意味着您不会因在写文章或打篮球方面做到拔尖，而享受到相应的地位或物质回报。我们需要建立合作性经济管理制度，以及在社会中

分配声望与政治发言权的手段，从而确保没有人会仅仅因为其才能——无论哪种才能——无法在竞争中得到充分认可，而落在后头或是被排除在外。某些人可能会认为这是一种退步，但实际上这会大大增加进步的可能性，因为本会遭到埋没的数十亿人将受到认可与赞赏。

不过，上述内容并非是要想象某条通向完美的新路。人们依旧会希望在自己不擅长的事情上天赋满满。疾病依旧会夺走我们心爱之人的生命。飓风依旧会来袭。我们爱上的人依旧可能投入其他人的怀抱。伟大的发明依旧会因发明者的 239
才华未受到认可或是展现得太迟，而遭到埋没。并非所有人都能在对于自己的确至关重要的决策过程中发出声音。我们需要停止想象自己能够创造出某种方式——无论是在头脑中，还是在经济中——以摆脱作为我们生存状态部分内容的苦难。我们还需要认识到，不可能摆脱这些苦难并不意味着我们不应该试着在短暂的一生中竭尽自己的全力。恰恰相反，这使得我们更有理由尽自己所能地努力保证，人人都能分享身为人类的缺憾与喜悦。

至少这就是我试图进行的论证。我希望自己成功地与您交了心，促进或是加深了您对为了所有人的足够好的生活的赞赏。没有哪本书能够解答一切疑问，或是对所有人都发出同样有力的声音。也没有哪位作家对世界的认识如此完善，以至于能够解决我们的所有问题。各种事物的相互依赖程度如此之高，如此复杂，且事物之间充满了各种差别。但这并不构成哀叹的理由，反而应促使我们赞美必要的谦卑。我在提出各种论点时，尽可能地做到了自信与清晰，但同时也感到，这些论点并不完善，仍有待其他人的讨论与改进，就如同我自己也曾试图加以改进并与他人展开讨论一样。我当然无法掌握所有答案，但我相信“足够好的生活”这一理念为思考我们的共同生活提供了一种有力且重要的手段。学习在这个足够好的地球上过足够好的生活，这条为所有人提供美好、充足且不完美生活的道路不仅将帮助我们生存下去，还将令我们作为一个物种得以繁荣昌盛。

致谢

与我此前写的任何书相比，本书所借鉴的人生经验都要 241
更多。要想一个不漏地对使得本书的写作成为可能的所有人表示感谢，是不可能做到的，更别提感谢对我的思想产生影响的所有人了。在此我将仅仅简要地对在本书写作过程中直接给予过我帮助的人致以谢意。丽贝卡·阿尔珀特阅读过的本书手稿数量和我一样多，她总是能够令其内容更清晰、更专注。乔迪·罗斯曼（Jodi Roseman）、埃里克·安格尔斯（Eric Angles）和巴里·施瓦茨通读了本书的一稿又一稿，并提供了深刻的反馈意见。在本书出版过程中，巴里更是我的向导与导师。三名非凡的研究助理在普林斯顿大学特别助理基金的聘请下，同样通读了全书，并提供了极具价值的反馈意见与观点。他们是杰森·巴达尔、泰亚·迪马佩莱斯和迈克尔·金。史蒂夫·弗格森（Steve Forguson）和里特·普雷姆纳特（Rit Premnath）为引言提供了指导。与沙迪·哈鲁尼（Shadi Harouni）、尼克·基斯（Nick Keys）、扎克·勒克（Zach Luck）、马辛卡·菲伦茨（Mashinka Firunts）、丹尼·斯内尔森（Danny Snelson）、乌姆拉奥·塞蒂（Umrao Sethi）以及里特·普雷姆纳特的长时间对话有助于我表述并打磨自己的愿景。数年之前，主要由尼克·西耶纳（Nick Siena）和尼基尔·萨瓦尔（Nikil Saval）组成的一个读书小组提出了我在本书中试图予以解答的某些重大政治经济问题。乔尔·惠特尼（Joel Whitney）和彼得·卡塔帕诺（Peter Catapano）最先在布鲁克林公共图书馆里和《纽约时报》的版面上提供了展示这一写作计划的平台。或近或远的各地读者寄来的信件和
242 评论帮助我不断改进论点。在布鲁克林公共图书馆里度过的第二晚——这一次是在凌晨一点时，在“哲学之夜”活动上发表演讲——帮助我真正地将论述打磨成形。米兰达·塞缪尔斯（Miranda Samuels）、格雷森·厄尔（Grayson Earle）和丹尼尔·本森（Daniel Benson）出席了这场活动，并和我一直畅谈到清晨。加拿大广播公司（CBC）的丽萨·戈德弗里（Lisa Godfrey）听说本书后，与我进行了长时间的交流，这是我获得的深入阐述自己想法的较早机会。普林斯顿大学出版社的安妮·萨瓦雷塞从第一天起就看护着这一写作计划，定期就新手稿提出富有建设性的反馈意见，还安排了数次颇有裨益的匿名审阅。还要感谢普林斯顿大学出版社团队里的其他人，他们的努力使本书成为现实，走到了读者面前。他们包括：编辑部门的詹姆斯·科利尔（James Collier），制作部门的特里·奥普雷（Terri O'Prey）、大卫·坎贝尔（David Campbell）和艾琳·斯尼达姆（Erin Snydam），以及营销部门的乔迪·普赖斯（Jodi Price）和卡门·希门尼斯（Carmen Jimenez）。还要感谢负责设计的卡尔·斯珀泽姆（Karl

Spurzem)，负责制作索引的德里克·戈特利布（Derek Gottlieb），以及负责极为重要的审校工作的乔迪·贝德（Jodi Beder）。里奇·巴尔卡（Rich Balka）和保拉·琼斯（Paula Jones）为我提供了一间看得见风景的房间，用于阅读和写作。本书手稿完成后，保拉·贝姆（Paula Behm）让我将她的餐厅当作小小的隐居之地。我的父母——丽贝卡、克里斯蒂、乔尔和乔迪——以及我的姐姐琳恩（Lynn）向我倡导的人生观塑造了本书的全部内容。要不是安泰娅·贝姆（Anthea Behm）每天都陪伴在我身边，我不知道自己是否能够完成写作。

注释、参考文献、索引

（扫码查阅。读者邮箱：tzyypress@ sina. com）

北京市版权局著作权合同登记 图字：01-2024-4709

图书在版编目（CIP）数据

反卷社会 /（美）阿夫拉姆·阿尔珀特（Avram Alpert）著；李岩译. -- 北京：中国科学技术出版社，2025. 1.（2025. 6 重印）-- ISBN 978-7-5236-0805-0

Ⅰ. B821-49

中国国家版本馆 CIP 数据核字第 2024G5N103 号

执行策划	雅理	**责任编辑**	刘畅
特约编辑	刘海光　陈邓娇	**策划编辑**	刘畅　宋竹青
版式设计	韩雪	**责任印制**	李晓霖
封面设计	关于		

出　版	中国科学技术出版社
发　行	中国科学技术出版社有限公司
地　址	北京市海淀区中关村南大街 16 号
邮　编	100081
发行电话	010-62173865
传　真	010-62173081
网　址	http：//www. cspbooks. com. cn

开　本	889mm×1194mm 1/32
字　数	176 千字
印　张	8. 875
版　次	2025 年 1 月第 1 版
印　次	2025 年 6 月第 2 次印刷
印　刷	大厂回族自治县彩虹印刷有限公司
书　号	ISBN 978-7-5236-0805-0/B・201
定　价	76. 00 元